中华家训代代传

孝悌

㊟篇

总　主　编　　吴荣山　祝贵耀

本册主编　　俞亚娟　蒋玲娣

浙江古籍出版社

《中华家训代代传》编委会

顾　　问：屠立平

主　　编：吴荣山　祝贵耀

编写人员：姚彩萍　张君杰　江惠红　沈凌霞

　　　　　俞亚娟　蒋玲娣　姚正燕　周　佳

　　　　　沈益萍　陈园园

编者的话

　　家训是我国传统文化中极具特色的部分，它以深厚的文化内涵和独特的艺术形式真实地反映了时代风貌和社会生活。在孩子人生成长的萌芽期，听一听祖祖辈辈流传下来的话，可以获得丰厚的精神养料，有助于树立正确的"三观"。

　　曾经家传，而今弘扬。新时代重读优秀的古代家训，就是希望以好家风支撑起全社会的好风气，把家庭的传统美德传承下去。为此，我们策划与编写了《中华家训代代传》丛书。丛书包含"爱国篇""立志篇""勉学篇""孝悌篇"和"明礼篇"五个分册，收录三百则家训。每一分册以"故事会"为引领，结合故事遴选历代家训良言，再配以注释、译文，帮助初涉人世的青少年了解古人的治家典范，学习优秀的家风家训，达到"立德树人"之愿景。

　　本丛书选编的每一则家训，都经过千挑万选、反复斟酌。这些进德修身、励志勉学、孝老敬长、睦亲齐家、报国恤民的好家训，有三大特点：

　　经典性。每则家训、每个故事均是中华传世经典，突出爱国、立志、勉学、孝悌、明礼等中华优秀传统文化。在经典的熏陶下，有助于孩子形成健康的品格和健全的人格。

　　适宜性。每则家训、每个故事均有适宜的思想主题，且适合诵读、易于理解，既能让孩子从小受到传统文化的熏陶，传递正能量，也能为语文学习积淀文言语感、言语思维。

趣味性。每则家训、每个故事短小精悍，那一个个历史故事、寓言故事、名人故事，让家训变得更有魅力、更有滋味。孩子们可以一边品着妙趣横生的故事，一边读着寓意深远的家训。

本丛书以正确的理念引导孩子，以规范的家训约束孩子，以优良的家风塑造孩子，以生动的故事感染孩子，以典型的人物影响孩子。

"爱国篇"以弘扬爱国主义精神为核心，引导孩子深刻认识"中国梦"的含义，以增强国家认同感和自豪感，培养自信、自尊、自强的健康人格。"立志篇"以培植正心笃志的人格为重点，引导孩子从小树立远大的志向，明白立志、立长志的重要性，懂得志向不在大小，而在奋发向上、矢志不渝、初心不改。"勉学篇"以锤炼积极进取的态度为目的，引导孩子明白"好学"还需"力行"、"温故"又能"知新"的道理，做到"学""思"合一、"知""行"合一。"孝悌篇"以感恩父母、孝敬长辈为主题，引导孩子树立尊亲、敬亲、养亲、顺亲、谏亲的孝道观，懂得感恩与回报。同时"老吾老以及人之老"，做到尊师、敬老。"明礼篇"以完善道德品质为追求，引导孩子养成良好的行为习惯，正确处理个人与他人、个人与社会、个人与自然的关系，从小做一个辨是非、知荣辱、明礼仪的好孩子。

学习家训，也要与时俱进，要善于利用现代媒体和手段去搜索，要善于紧跟时代的潮流和步伐去践行。《中华家训代代传》向孩子们的学习和生活开放，向社会的建设和创新开放，向国家的需要和发展开放，让孩子们去认同、去传承、去创造，在"家训"里成长，向着阳光，向着未来！

目 录
CONTENTS

善事父母曰孝，善事兄长曰悌。
虽闾阎村野小民，谁不知爱其父母，
敬其兄长！

1. 兄弟不睦　谁能救之

文灿敬兄长

在宋朝，有个人叫周文灿。在父母和老师的教导下，他从小就孝顺父母，友爱兄弟。

文灿有个哥哥，从小和他相亲相爱。兄弟俩长大后，父母相继去世。他俩一直生活在一起。后来哥哥竟开始酗酒，不务正业。渐渐地，哥哥就只能靠文灿养活。清醒的时候，哥哥也为靠弟弟养活而感到羞愧，但酒瘾一犯，就不由自主地走进酒馆喝个大醉。文灿看到这样的哥哥，不但没有不满，还常担心哥哥的身体和心情，总对哥哥恭恭敬敬，好言好语。他相信，只有他们相亲相爱，父母在天上才会安心。

一天傍晚，哥哥又醉得一塌糊涂，哼着小曲儿，东倒西歪地往家走，旁边的人对他指指点点。文灿急忙去扶哥哥，没想到哥哥大声地说："你是谁？你要干什么？"一个巴掌就猛扇过来，文灿一下子倒在地上，哥哥又把他按在地上暴打了一顿。等哥哥打够了，文灿好不容易爬起来，浑身是伤。

邻居们听说后纷纷赶来，他们早对文灿的哥哥有许多不满，现在见到这幅情景，更加恼火，纷纷指责他的哥哥。

哥哥清醒后羞愧地在一旁默默流泪，邻居还在一旁大声责骂。文

灿看到众人这个样子，又看到哥哥憔悴无助的模样，一阵心酸。他走上前去扶住哥哥，怒声对众人说："我的哥哥又没打你们，你们怎么可以破坏我们的兄弟情！"众人听了，愣住了，也不好说什么，都默默地回去了。

文灿把哥哥扶回家，帮他擦洗后又安顿他睡下，什么也没说。这次，哥哥深深地被感动，发誓再也不醉酒闹事。文灿看到哥哥又变得像小时候那样温和友善，心里高兴极了。

聆听家训

兄弟不睦，则子侄不爱；子侄不爱，则群众疏薄①；群众疏薄，则僮仆为仇敌矣。如此，则行路②皆踏③其面而蹈④其心，谁能救之哉？

——[南北朝]颜之推《颜氏家训》

①疏薄：疏远，淡薄。
②行路：路人，在路上行走的人。
③踏（jí）：践踏，跨越。
④蹈：踩，踏。

译文

兄弟二人之间不和睦，那么子侄之间就不会相互关爱；子侄之间不相互关爱，那么家族之中其他子弟的关系也会日渐疏远；家族中其他子弟的关系疏远，那么童仆之间可能就会互相结为仇敌。这样一来，如果陌生人都来肆意践踏他们的身心，那还会有谁来救他们呢？

小读者，兄弟姐妹之间团结友爱，家庭才会幸福和睦。除了父母以外，兄弟姐妹是我们在世上最亲近的人，一定要彼此关爱，互相理解、帮助哦。正所谓"兄弟齐心，其利断金"，兄弟团结一心，和睦相处，外人才不敢来欺侮，家庭也会更强大。

2.须质实 不饰貌

张清丰头炉烧饼敬亲娘

现在的河南清丰，在古代叫顿丘。隋朝时，顿丘有个张清丰，虽然一生清贫，但他作为孝子令人敬仰。

张清丰家境贫寒，没钱上学，只好在教室的窗外听课学习知识。后来父亲得了重病，生活不能自理，他就日夜守候在父亲身边，小心翼翼地熬好药，先尝一尝凉热，再一勺一勺地喂父亲。父亲病了很久，他仍坚持为父亲清洗衣服、被褥，擦洗身子。对待生病的父亲，张清丰毫无怨言地坚持照顾，直到父亲病逝。父亲去世后，张清丰就和母亲相依为命。

"张清丰孝行"石刻

张清丰以卖烧饼为生，每天早起精心制作头炉烧饼，恭敬地孝敬母亲。看到母亲吃得香香的，他最开心了。有人想高价买他的头炉烧饼，张清丰客气地拒绝："山高高不过太阳，人大大不过爹娘，不知道父母养育之恩的人就不配做人。头炉烧饼孝敬母亲，只是为了表达我的孝心。"

后来母亲病了，他就四处求医，细心照料，还用嘴帮母亲吸脓血，帮助母亲减轻痛苦。每逢有大胚山庙会，张清丰必定走路去为母亲祈福。他的行为被大家称赞，"头炉烧饼敬亲娘"的事迹也被广为传颂。

这个叫"顿丘"的县城，也因他的孝顺，改名为"清丰县"。

聆听家训

孝在于质①实，不在于饰②貌。
——[汉]桓宽《盐铁论·孝养》

①质：朴实。
②饰：装饰，打扮。

译文

孝敬长辈需要的是质朴实在的作为，实实在在的敬意与爱心，而不是追求一些表面上的花哨形式。

小叮咛

小读者，孝顺老人应该是发自内心、持之以恒的，而不是光做做表面功夫给人看。我们对待父母、对待老人，要从内心充满敬意与爱心，行为上要真正做到体贴和关怀，让老人感受到实实在在的幸福与温暖。读了这个故事，最触动你的是什么呢？

3. 以孝化人　人德归厚

最伟大的爱

1905 年 6 月，人民音乐家冼星海出生在澳门一个贫苦渔民的家里，出生的当晚，星光灿烂，饱含深情的母亲因此给他取名星海。

冼星海

冼星海出生不久，父亲便去世了。孤苦伶仃的母亲，靠勤劳的双手勉强维持生活，这让年幼的冼星海深切地尝到了人间疾苦，也感受到了最伟大的爱。冼星海的母亲是一位善唱渔歌的渔家歌手，可以说，冼星海的第一位音乐老师就是他的母亲。

在法国求学的六年里，冼星海无时无刻不思念母亲。他受尽了人间的苦难，就是凭借着对母亲的思念挺了过来。

1935 年夏天，冼星海回到了久别的祖国，回到了母亲的怀抱。孝顺的冼星海用第一个月领到的工资给母亲做了一套衣服，母亲流下了幸福的热泪。抗日战争爆发后，冼星海毅然参加了抗日救亡运动。母亲没有挽留刚刚归来的儿子，而是积极支持他。

冼星海来到延安，他的意志被艰苦生活磨炼得更加坚强，他的思想境界也达到了一个新的高度，创作出许多震惊世界的不朽乐章，有《黄河大合唱》《在太行山上》《到敌人后方去》和歌剧《军民进行曲》等上百部佳作。

他在给母亲的信中写道："要把最伟大的爱，贡献给国家，把最宝贵的时光和精力投入到民族解放的斗争中去。"冼星海把对母亲的爱和对母亲的孝升华到了一个崇高的境界。

聆听家训

孝者，百行①之本，德义②之基。以孝化人，人德归于厚③矣。在家能孝，于君则忠；在家不仁，于君则盗④。

——[唐]杜正伦《百行章》

①百行：各种品行、德行。
②德义：道德信义。
③厚：忠厚，宽厚。
④盗：偷窃，谋私利。

译文

孝，是各种品行的根本，是道德信义的基石。用孝来教化培养人，人的品德就会变得忠厚、宽厚。一个在家奉行"孝"的人，对君王就会忠诚；在家中没有仁义的人，对君王就会有私心，谋私利。

小叮咛

小读者，"孝"体现着一个人的爱心、人品和信义，一切从"孝"开始。音乐家冼星海把对母亲的爱和孝心升华到了报效祖国的高度，谱写出了那么多不朽的乐章。我们也要学习他的这种精神，孝亲爱国。

4.孝于父母　友于兄弟

司马光敬兄长

　　宋朝的司马光，是一位贤明的大臣，别人称他司马温公。他从小就孝顺父母，友爱兄长。

司马光像

　　司马光虽然做了大官，但仍亲自照料兄长。哥哥伯康八十岁时，司马温公也年纪不小了，但他照料兄长仍然尽心尽力。哥哥年迈，消化不好，需要少食多餐。每次吃完饭不久，他总会问哥哥："您饿了吗？要不要再吃点？"当季节交替，温差变化大时，温公生怕哥哥着凉，经常嘘寒问暖。他对哥哥总是体贴入微。

　　温公对兄长的友爱是真诚至极，他对于国家也是忠诚至极啊！

　　温公在洛阳当官时，每年都要从洛阳到夏县看望故乡亲人，他常常深入百姓，了解他们的疾苦。有一回，他看到一对已经头发花白的老夫妇还在田里劳作，一旁的房屋十分破旧。上前一问，得知家里的青年人都不在家，老夫妇俩只能靠着这些薄田度日。可是因为要躲避收债的人，只能晚上偷偷地来舂（chōng）米，已经累得筋疲力尽，可还是吃不饱肚子。为此，他写下了一首《道傍田家》诗，以表达对苛捐杂税的不满。

来回几次后，沿途地方官员都知道温公回乡的事，大家非常敬重他，都想招待他。温公却不想打扰官府，总是想办法绕过官衙，即便遇到官员强留也都好声谢绝。

司马温公一生孝顺父母，友爱兄弟，忠于人民，忠于国家。温公老年时自称："我无过人之处，但平生所为，未曾有不可对人言者耳。"

聆听家训

> 呜呼！孝悌忠信，人道之纲①；礼义廉耻，立身之本②。凡尔③子孙，毋④不孝于父母，毋不友于兄弟。
>
> ——［北宋］鲁宗道《家训》

①纲：必不可少的行为规范。
②本：事物的根源，与"末"相对。
③尔：文言人称代词，你。
④毋（wú）：不要，不可以。

译文

啊！孝顺父母、亲近兄弟、爱国爱民、诚实有信，是古今仁人志士修身养性的基本规范；崇礼、行义、廉洁、知耻，是立身的道德准则。凡是我鲁家子孙，你们对于父母，不能不孝顺；对于兄弟，不能不友爱。

小读者，故事中的司马光孝顺父母、友爱兄弟、爱国爱民，深受百姓的爱戴。无论到哪个时代，孝悌忠信都应该是一个公民最基本的修身规范，而崇礼、行义、廉洁、知耻，也应该是一个公民立身的道德准则。

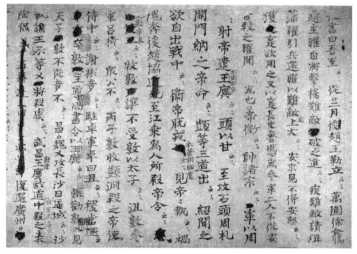

司马光《资治通鉴》手书残稿

5.爱父母 敬兄长

吴猛恣蚊饱血的故事

晋朝人吴猛，字世云，豫章（今江西南昌）人。虽然家里十分贫穷，父母没有条件给他吃好的、穿好的，但他懂事体贴，非常孝顺。

夏天来临后，细心的吴猛发现父母瘦了，眼睛里布满了血丝，看起来疲惫不堪，脸上、手上还有很多被蚊虫叮咬的包。经过几天细心地观察，他发现夜里蚊子总是叮咬得父母睡不好觉。

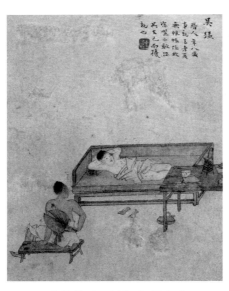

恣蚊饱血 （清·任伯年）

吴猛想，白天父母已经辛苦劳作了一整天，夜里又睡不好觉，第二天还要早起去干活养家，怎么能不瘦呢？时间长了，父母的身体哪能受得了？怎么办呢？

八岁的吴猛非常心疼父母，内心十分着急。想来想去，终于想到了一个办法：到了晚上，吴猛干脆就把衣服脱掉，先去躺在床上，让蚊子来叮咬自己，他既不赶，也不轰。他想，这些蚊子在他身上喝足

了血，就不会再去叮咬父母了。为了父母，自己必须忍受着痛，忍受着痒，忍受着蚊虫的叮咬。

结果吴猛经常被蚊子咬得伤痕累累，满身是包。但他宁可自己受罪也不愿父母受罪，坚持了整整一个夏天。

聆听家训

善①事②父母曰③孝，善事兄长曰悌。虽闾阎④村野小民，谁不知爱其父母，敬其兄长！

——[元]王结《善俗要义》

①善：擅长，长于。
②事：侍奉，伺候。
③曰：叫作。
④闾阎（lú yán）：指民间。

译文

善待父母，能伺候好父母的人称之为孝。善待兄长，能敬重兄长的人称之为悌。虽然是民间的村野小民，有谁不知道要爱自己的父母，敬自己的兄长啊！

小叮咛

亲爱的小读者们，吴猛的孝心值得赞扬，尤其是那颗体贴关心父母的心值得学习。用心孝敬父母，关心自己的兄弟姐妹，多为亲人们着想。你是这样"爱父母、敬兄长"的好孩子吗？希望你从生活的每一件小事做起，成为一个懂孝道的人！

6.孝者　顺德之至

刘邦孝父

汉高祖刘邦做了皇帝，非常孝顺他的父亲刘老太公。刘邦回到栎（yuè）阳之后，每隔五天就去看望父亲一次。

太公的家令（专门服侍太公的官）对太公说："天上没有两个太阳，地上没有两个主子。皇帝虽然是您的儿子，却是所有百姓的主子；太公您虽然是皇帝的父亲，但从君臣关系看却是大臣，怎么可以让皇帝来拜见大臣，这样会使皇帝失去威严。"太公一想，觉得家令说得有道理。

隔了几天，刘邦照例来拜见太公，看见太公抱着一把扫帚，到门口迎接，倒退着走路。刘邦大吃一惊，赶紧下车扶着太公。

太公说："皇帝是所有百姓的主子，怎能为了我乱了君臣之礼？"

这一年五月二十五日，刘邦下诏书说："人与人之间没有比父子更亲密的了，所以，父亲的天下传给儿子，儿子得了天下后，也应该将荣誉给父亲，这是做人的最高原则。以前，天下大乱，战火不断，百姓受苦遭殃。我披上盔甲，高举武器，率领士兵，不怕危险攻入敌人阵地，平定战乱，封地给王侯，结束战争，让百姓安定生活，天下太平，这都是太公教育的结果。王侯、将军、公卿、大夫推举我为皇帝，而太公还没有尊号。现在为太公上尊号，称为太上皇。"

此后，每当有朝廷的宴会，太上皇总是坐在首位。

聆听家训

孝者，顺德①之至②也。以一身之孝而率③天下以孝，则不令④而从，不严而治。

——[明]朱棣《圣学心法》

① 顺德：美德。

② 至：极，最。

③ 率：带领。

④ 令：命令。

译文

孝，是最大的美德。用自己的孝行，带领天下人来奉行孝道，那么就会起到没有命令也能依顺，不必严厉就能大治的效果。

小叮咛

小读者，你知道吗？"以孝治天下"就是在汉朝提出的。自古以来，孝与忠就是中国古代的传统美德。一个人，为人子能孝顺，为人臣能忠诚，那他必定能够受到大家的尊敬。"百善孝为先"，"孝"这个字，应该装进我们每个人的心里，并且能够变成实际行动。

7. 上慈不懈　下顺益亲

一件皮袄

明朝时，宜章郴（chēn）州有一户姓邝（kuàng）的人家，这家人是当地有名的官宦（huàn）之家。邝子辅，曾做过县令，他的儿子邝野就更厉害了，官一直做到兵部尚书。

邝子辅的妻子去世后，他一直没有再娶，与儿子相依为命，感情很深。邝野在陕西当官时，看到官府仓库里有皮袄，想着老家没这东西，便拿了一件，派人送给父亲。父亲收到了皮袄，知道这是儿子一片孝心，心里高兴，但得知这皮袄的来路后十分恼怒，立即进书房写了一封信，连同皮袄，让人带了回去。

这封信大意是这样的："我在家中安定生活，你又常捎钱给我，现在我不愁吃穿，不需要你再给我带什么东西。这次你竟拿官府仓库里的东西'孝敬'我，这哪里像个父母官的样子？这不是在孝敬我，穿上这件皮袄，我会内心不安，希望这种事是头一次，也是最后一次。"

邝野接到父亲退回的皮袄，反复读了父亲的信，十分自责，忙给父亲回了一封信，表示皮袄已退还到仓库中。

邝家严格教育孩子的名声渐渐传了出去，甚至连皇帝都知道了。皇帝见邝野身世清白，在朝廷中名声也不错，就把他调入京城做了大官。

慈者，上①之所以抚下②也。上慈而不懈，则下顺而益③亲。然有姑息以为慈，溺爱以为德，是自戕④其下也。

——[明]仁孝皇后徐氏《内训》

①上：这里指父母。
②下：这里指子女。
③益：更加。
④戕：损害。

译文

慈爱，就是父母爱抚子女。父母慈爱而不松懈，那么子女就会顺从且更加亲近。但是，也有人把姑息迁就当作慈爱，把溺爱骄纵当作仁德，这是自己害自己的子女啊。

小叮咛

小读者，如果你们的父母也像邝子辅那样对你严格要求，那么你们应该感到高兴。因为过分宠溺孩子，对你们来说并不是一件好事。父母对你们严格要求，其实是在帮助你们更好地成长，成为一个更优秀的人，我们要感恩在心哦！

8. 芝兰之香　子弟之孝

黄香温席

《三字经》里有这样一句话，"香九龄，能温席"，讲的是我国古代"黄香温席"的故事。

黄香九岁时，母亲就去世了。他向来孝敬父母，在母亲病中，小黄香一直守护在她的病床前。母亲去世后，他对父亲更加关心、照顾，尽量让父亲少操心。

炎炎夏日的夜里，小黄香用扇子对着父亲的帐子扇风，把枕席

扇凉，把蚊虫驱走，让父亲可以更舒服地睡觉。到了寒冷的冬天，他就用自己的身体帮父亲暖被子，好让父亲不受凉。父亲看黄香小小年纪就这么懂事，很是欣慰。

黄香给父亲温席的故事在当地广为流传，大家都称赞他是个孝顺的孩子。黄香长大后，还做了地方官员，为当地老百姓做了不少好事。

黄香温席（清·任伯年）

夫芝兰①生于阶庭②，而馨香播于户外者，培植之力至也。子弟成其德性，而孝敬达于遐迩③者，训迪④之功至也。

——[明]朱棣《圣学心法》

①芝兰：指灵芝、兰花这两种香草，比喻德行的高尚或友情的美好。
②阶庭：指台阶前的庭院。
③遐迩（xiá ěr）：远近。
④训迪：教诲启迪。

译文

灵芝和兰花两种香草虽然生长在台阶前的庭院，但它们的清香可以散播到户外，那是因为得到了悉心的栽种和管理。孩子一旦养成了良好的道德与品性，那么孝敬长辈的名声就会远近都知道，那是因为他得到了最好的教诲和启迪。

小叮咛

小读者，回忆一下，你做过的最感动父母的事情是什么？《黄香温席》中，小黄香用自己的身体为父亲暖被窝的行为，让街坊邻居都赞叹称颂，长大后的他更因德才兼备而得到皇帝的赏识，为朝廷重用。像黄香这样的人，你知道历史上还有谁吗？

9. 兄者爱　弟者敬

手足情深

长安城里，有一户姓田的人家，父亲带着三个儿子生活。不幸的是，有一天，父亲病重过世了。父亲离世后，三兄弟想各自独立生活，于是便商量着分家。三兄弟平日里兄友弟恭，分家的事，大家毫无争议，所有的财产，平均分成三份，每人各得一份。

院子里有一棵生长多年的紫荆树，三兄弟却不知该怎么分，三个人你看我，我看你，都没有好办法。大哥田真主动让给两兄弟，两兄弟也不肯独占这棵紫荆树。最后，实在没有办法，兄弟三人只好决定把树从上到下分成三截，每人取一段。这样的分法公平合理，谁都没有意见，大家约好第二天砍树分树。

第二天一大早，兄弟三人提着斧子和锯来到院子里，抬头一看，全都愣在那里——昨天还好好的一棵紫荆树，今天怎么像是快要枯死的样子？叶子全都枯萎了，枝条也像被烧过一样，干裂粗糙。

好一会儿，大哥田真忽然拍了拍脑袋，对两个弟弟说："这棵紫荆树在我们家院子里生活了几十年，它亲眼看着我们兄弟三个长大成人。它不愿意把同根生长的根茎、树干和树梢分割开，所以听了我们砍树的想法便很有灵性地表现出它的伤感，从而教育我们同

· 20 ·

母所生的亲兄弟也不可分割啊。"

从此，三兄弟不再提分家的事，大家和和美美地生活在一起。紫荆树也奇迹般地恢复了生机，比以前长得更加繁茂。

聆听家训

> 为兄者当爱，为弟者当敬，患难相恤①，贫富相顾②，不肖③相劝。
>
> ——[清]于成龙《于清端公治家规范》

①恤：对别人表同情、怜悯。
②顾：照管，注意。
③不肖：品行不好，没有出息（多用于形容子弟）。

译文

做哥哥的应当关爱弟弟，做弟弟的应当敬重哥哥。遇到困难和危险，应该互相同情，患难与共；不论贫穷和富有，都应该互相照顾；如果发现有兄弟品行不好，应该好言相劝。

小叮咛

小读者，关于"手足情深"，你还能想到什么成语和诗句？你有兄弟姐妹吗？你们平时是如何相处的呢？在学校里，你和同学们又是如何相处的呢？无论是手足情还是同学情，都是我们在这个世界上宝贵的财富，我们应该互相谦让，友好相处，遇到困难互帮互助。

10. 相劝勉　相砥砺

相携共进真兄弟

明朝有个叫陈世恩的人，是神宗万历年间的进士。他在陈家排行老二，上有哥哥，下有弟弟。

陈家老大、老二常被乡里人称赞，但是老三就和这两个哥哥不一样了，从小养成了许多坏习惯，不爱劳动和学习，整天不是在父母面前撒娇，就是和两个哥哥争吃争喝，没有上进心，不干正事，平时总喜欢与一帮朋友鬼混。

老大心想，三弟这样下去没前途，自己应该担当起教育三弟的责任，这样可以让年迈的父母少操心。于是，只要有机会，大哥就会把三弟叫到一边劝说他。

老三听后，常常认为大哥说得对，可就是管不住自己，不知悔改。后来渐渐地，他开始对大哥的劝说感到厌烦，总是想办法躲避。

老二陈世恩也着急，对大哥说："我来试试吧。"

当天晚上，陈世恩手里拿着院子大门的钥匙，在门前等弟弟回来。弟弟深夜回来后，陈世恩并没有责问他，只关切地问道："你吃晚饭了吗？冷不冷……"弟弟有些不好意思，回答一句"吃过，

不冷",便急匆匆地回房间了。

第二天晚上,陈世恩依然在门口等着弟弟回来,"喝酒了?喝多少?难不难受?我泡杯浓茶给你解解酒。"说完把弟弟扶进房间,泡茶端茶,还让他早点休息。

弟弟一夜没睡……

第三天一大早,弟弟走到两个哥哥面前,跪下说:"我以前不懂事,感谢两个哥哥的教诲。"大哥赶紧把弟弟扶起来,他没有想到二弟用亲情能感动三弟,感叹道:"浪子回头金不换啊!"三兄弟越说越亲热。

老三在两位哥哥的帮助下,逐渐改掉了坏习惯,成了一个有用的人。

聆听家训

兄弟但①相劝勉、砥砺②,于斯言宜若罔③闻也者,或有愧愤④于心,斯其薄⑤可知也。右手强,左手不亦蒙其利乎?

——[清]颜光敏《颜氏家诫》

①但:只,仅仅。
②砥砺:磨炼,锻炼。
③罔:没有。
④愧愤:羞愧愤慨。
⑤薄:(感情)不深。

23

兄弟之间只是相互劝导勉励、相互磨炼，对于那些较为适宜的话语好像没有听见一样，或者心中都有羞愧愤慨，那么这兄弟之间的情感就可想而知变得淡薄了。右手强大有力，左手不也能享受到它的便利与好处吗？

■ **小叮咛** ■

小读者们，兄弟之间和谐相处，并不是一味迁就对方，也不能常常指责，有错误时应该耐心地相互帮助改正。像故事中的老二，在劝说弟弟的时候，从生活中细小的方面去关心他、温暖他，让弟弟感受到兄弟间、亲人间的情谊，效果反而更好！

11. 父母之命　籍记速行

故事会

"石渠奖学金"

有一天，在世界著名桥梁专家茅以升的家里，兄弟几人聚在一起，商量如何庆祝母亲七十岁生日。

兄弟们各抒己见，茅以升一言不发，沉浸在幸福又心酸的回忆里。他想起童年时代家中的一场大火，母亲为救孩子，奋不顾身地冲进火海……兄弟几人终于脱险了，母亲的脸上却留下了深深的疤痕。

茅以升

十五岁那年，茅以升考进唐山路矿学堂。进校三个月，辛亥革命推翻了清政府，他和同学们想弃学从军。他写信给母亲，希望得到母亲的支持。

母亲回信说："你想参军报国，想法可嘉。但你年纪还小，知识不多，就是一心想为国出力，也没多大本事。应安下心来，继续读书为好。"

茅以升听从母亲的劝导，留在学校发愤读书。1912年秋天，孙中山先生去唐山路矿学堂视察，勉励学生学好本领，为国效劳。听了孙中山的讲话，茅以升回想起母亲的叮咛，立志做个有真才实学的人。在唐山五年的学习中，几乎每次考试他的成绩都是全班第一。他好学的精神使全校同学十分钦佩。他的理解力和记忆力全校闻名，能背出圆周率小数点后几十位数字。

想到这里，茅以升立刻站了起来，说："我们兄弟几人能够学有成就，全靠第一任老师——母亲。我们大力弘扬母亲孜孜以求、诲人不倦的精神，就是对母亲七十寿辰最好的祝贺。"他继续激动地说道："我建议以母亲的名字设立'石渠奖学金'，奖励研究土木工程力学的优秀学员，这才是真正的孝道，才是真正回报父母的养育之恩。"

茅以升的主张得到兄弟们的赞同，大家一致同意，并纷纷捐款。就这样在唐山工程学院正式设立了"石渠奖学金"。人们夸奖茅以升兄弟对母亲的孝心，也夸奖他们母子两代人对科学的贡献。

聆听家训

凡①子受父母之命，必籍②记而佩③之，时省④而速行之，事毕则返命焉。

——[清]张文嘉《重订齐家宝要》

①凡：凡是。
②籍：书册。
③佩：携带，随身拿着。
④省：检查，反省。

凡是儿子接受了父母的要求和命令，一定要抄记下来而且带在身上、放在心里。要时刻提醒自己，并尽快去完成它。事办完后，就立刻回来向父母复命。

小叮咛

小读者，你平时听从父母的教导吗？一个孝顺的孩子，要多体谅父母的苦心哦！父母交代的事情，要赶紧去做，不要一拖再拖。如果觉得父母有什么说得不对的，也要好好和父母沟通，说出自己的想法。

12. 躬行孝悌　不期而然

一只木碗

从前有个老人，和儿子一家住在一起。老人眼睛花，耳朵聋，双手还常常不停地发抖。所以当他坐在餐桌前吃饭时，连汤匙也握不稳，常把菜汤撒在桌布上或地上。儿子和媳妇都嫌弃他。

有一回，老人又把汤撒了一地，碗也摔碎了。媳妇很生气，指着老人骂道："你怎么吃的饭！天天把东西撒一地，还把碗给摔碎了！你知道我一天多忙吗？想把我累死呀！"于是，他们不许老人上桌吃饭。吃饭时，把他赶到厨房的角落里，给他一只瓦盆，里面只有一点饭菜。老人每顿都吃不饱，还常挨骂，伤心极了，常常一个人偷偷流泪。

一天，老人又将瓦盆掉到地上打碎了。媳妇对老人又一通训斥后，夫妻俩商量道："咱爹什么都能摔碎，还是用木头给他做个碗吧。"于是，儿子找来了一块木头，开始动手做木碗。不一会儿，木碗做好了，媳妇正想把碎木片扫出去，老人四岁的小孙子跑了过来，把地上的碎木片捡到一起。"你这是干什么？要这些没用的碎木片做什么？"老人的儿子问。

"我要把这些做成一只木碗，留着它，以后拿出来给你们吃饭

用。"老人的孙子回答道。听到这话，儿子和媳妇对视了一会儿，一脸苦笑。他们似乎明白了：自己的行为，儿子看在眼里，记在心上。

从此，他们不再将老人赶到角落里吃饭，即使老人撒了饭、摔了碗，他们也不再说什么。慢慢地，他们对老人越来越好了。

聆听家训

积德亦孰有大于孝弟①者？躬行②孝弟，则吾之子弟，所见所闻，无非孝弟之事。熏陶观感③，自有不期然而然④者。

——[清]金敞《家训纪要》

①弟：同"悌"，敬爱兄长。
②躬行：身体力行。
③观感：看法，感想。
④不期然而然：没想到这样，而竟然是这样。

译文

积善行德哪有比孝顺父母、敬爱兄长更大的呢？亲身奉行孝悌，那么我的子侄后辈，看到的和听到的，无一不是孝顺父母、敬爱兄长的言行。这样长期熏陶他们对事物的看法、感想，自然会有意料之外的效果。

小叮咛

小读者，读了《一只木碗》的故事，你对文中的父母和孩子分别有什么话说吗？只有自己成为一个孝顺父母、敬爱兄弟的人，才能用自己的一言一行感染别人啊。

13. 具实志 好力行

一位高寿的大孝子

古人说：人活七十古来稀。可元代有位大孝子，却活了九十八岁，别说在古代，就是在今天，也真是高寿了。这位高寿的大孝子，就是元代的姚天祥。

姚天祥的父母都是忠厚老实的人，直到他做官后，家里条件才慢慢好起来。有一年中秋节，姚天祥坐在庭院独自赏月，想起父亲早逝，母亲独自一人在家生活，自己在外做官多年，也没机会孝敬母亲，想到了"谁言寸草心，报得三春晖"的诗句，不知不觉落泪了。第二天，他竟辞官回乡去照料母亲。

这举动在一般人看来，简直不可思议。可姚天祥却觉得能照料母亲，才是最幸福的事。家里有仆人，但他却常常亲自为母亲端茶倒水。在严寒的冬天，他为母亲设计制作了"暖坐桶"，让母亲在上厕所的时候也不会觉得冷。暖坐桶，下半部是一只圆木桶，盛着陶制火盆，可以暖脚，上半部连接着一只半圆形的坐凳，可以暖臂。母亲临睡前，他又将铜手盆添加稻糠后放进被窝。夏天天气炎热，他坐在床边为母亲打扇，使母亲睡得安心。

回到家乡后，姚天祥除了照料母亲，还做起了生意。人们都说，

这是个大孝子，和他做生意不会错。不久，他便积累了许多钱财。有了钱，他为姚家修宗谱，办学校，还出钱为百姓修桥铺路，救济穷人。到了姚天祥去世的时候，附近地区赶来送葬的百姓成千上万。

姚天祥为姚氏家族打上了"忠孝人家"的金字招牌。过了多少年多少代，一说起姚家，人们仍说："那可是大孝子的后代啊！"

聆听家训

孝弟非徒①言与徒心也，须具实志而力以行之，貌而无情与有心而姑②待③者，皆无当④也。
——[清]毛先舒《家人子语》

①徒：空。
②姑：暂时，暂且。
③待：等。
④当：合适。

译文

孝悌不是说空话和表空心，须要有真正的志向并尽力去践行它，表面上有而内心没有的，以及内心有却暂且搁置的，都是不恰当的表现。

小叮咛

小读者，孝顺可不是嘴上说说的，也不是偶尔表现一下。平时除了老师要求我们为长辈洗洗脚、捶捶背，你还会做哪些孝顺老人的事情？真正的孝顺是融入生活的每一个细节中，是永久的牵挂和真心的付出哦！

14.为人子　孝父母

孝顺女智斗不孝子

古代，有一个老人，妻子早亡，育有两儿一女。女儿出嫁了，儿子儿媳倒也孝顺。老人手里还积蓄些金银财宝，安心享受晚年生活，生活富足。

一天，两个儿子要求父亲将钱财分给他俩，作为经商的本钱。老人禁不起苦苦哀求，便同意了。想不到儿子分得金银后就变了，不但不孝敬老父亲，还让媳妇每天咒骂老人。为照顾老人的事，弟兄俩也经常争吵，最后才勉强决定轮流照顾，每人照看一个月。从此，老人几乎过着被虐待的日子！

二月二十八日，老大对父亲说："今天满一个月了，明天就是三月份，你该上老二家了。"而老二却说："今天才二十八日，还差三天才算一个月，老大该再养你三天。"于是，老人像个皮球似的被踢来踢去，无奈只好来到女儿家。好在女儿孝顺，老人才安定下来。

女儿对兄长不孝父亲的事十分愤怒，便想办法教训两个兄长。恰好这时侄儿来做客，她买了好多吃的和一套新衣服送给侄儿，说："姑姑现在有钱了。因为你爷爷带来一批珠宝，姑姑现在想买什么就买什么。"侄儿回家后，讲给家人听。这样一来，兄弟俩紧张了，怕珠宝都被妹妹抢了去，商量之后，厚着脸皮将老人接了回来。每天好鱼好肉地伺候着，满嘴说不尽好话。

直到老人去世后，搜遍了整个家，也不见一点珠宝的影子。此时此刻，妹妹才悲愤地告诉他们真相，羞得两位脸皮厚的兄长恨不能钻入地缝里！

▌聆听家训▐

> 天下无不爱子之父母，而少孝父母之人子。此极不平①之事，可憾②也。
>
> ——[清]郝培元《梅叟闲评》

①平：公平，平等。
②憾：悔恨失望，心中感到不满意。

▌译文▐

天下没有不爱自己孩子的父母，却缺少孝顺自己父母的孩子。这样极其不公平的事，真是让人心中感到悔恨失望啊！

▌小叮咛▐

小读者，天下没有不爱自己孩子的父母，父母对孩子好，好像就是天经地义的，而子女对自己父母不好的事情我们却常能听到、看到。在妹妹的计策下，故事里的不孝子让老人安享了晚年，并且在最后意识到了自己的不孝，你想对他们说些什么呢？

15.老吾老　幼吾幼

杨巍三辞孝母

杨巍，字伯谦，号梦山，又称二山先生，明嘉靖年间进士。他曾任武进县（今常州境内）知县，后任山西巡抚、陕西巡抚、兵部侍郎、户部尚书、工部尚书等官职。杨巍不仅仕途通达，通晓理学，文学方面也有很深的造诣，是著名的学者。

杨巍不仅是一个孝子，而且以孝道教育百姓。他任武进县知县时，有周氏兄弟因为分家产到县里打官司，杨巍调查后认为兄弟两人之间还有情义，通过调解可以解决。因此，他没有直接断案，反而教育他们要珍惜手足之情，兄友弟恭，让他们明白骨肉亲情比财产重要得多。在杨巍的苦劝下，兄弟两个幡然悔悟，当着杨巍的面诚恳地说："知县大人教育得对。"

杨巍在任陕西巡抚期间，政绩卓著，一路高升。仕途得意时，他却以奉养年迈母亲为由，三次上书辞去官职，请求返回故里侍奉母亲。母亲不忍，劝他说："你对我已经很有孝心了，应该多为朝廷效力。"他回答说："父亲已经仙去了，儿子就应该守在您的身边。"杨巍回故里后，移居桃花岭。在桃花岭专门开辟了一个花园，里面种植花草树木、时令果蔬，请母亲乘车观赏，子孙围在一起，敬茶敬酒，大家欢乐开心。

他还亲自为母亲端洗脸水，给母亲洗脸，揉肩擦背，在他的精心照顾下，老夫人得享百岁高寿。

这就是杨巍的孝道观，在家尽孝，在职尽忠。

老①吾老②，以及人之老；幼③吾幼④，以及人之幼。天下可运于掌。

——[战国]孟子《孟子·梁惠王上》

①老：尊敬。

②老：老人，长辈。

③幼：抚养。

④幼：子女，小辈。

译文

尊敬我家里的长辈，从而能推广到尊敬别人家里的长辈；爱护我家里的儿女，从而能推广到爱护别人家里的儿女。那么，治理天下就像在手掌里转动东西那样容易。

小叮咛

小读者，想想在我们还不能自理的婴孩时期，父母曾不辞辛劳、不求回报地悉心照顾我们吃喝拉撒睡。我们一定要把孝顺父母落实到行动上，日行孝道。等父母年迈，需要我们悉心照料的时候，我们也应像他们当初那样竭尽全力。

父慈而敬，子孝而箴；兄爱
而友，弟敬而顺；夫和而义，妻
柔而正；姑慈而从，妇听而婉。
礼之善物也。

16. 立身行孝　含笑莫嗔

老莱子不老

　　老莱子，春秋晚期思想家，因看不惯春秋末年的社会风气，也为了躲避战乱，来到湖北荆门蒙山坡下的竹篱茅舍隐居。老莱子一家和睦相处，都比较长寿。

　　老莱子无微不至地照顾父母，关心父母的饮食起居。每次吃饭时，他总是把最好的饭菜夹给父母。为了让父母高兴，老莱子经常穿着小孩的花衣服，玩拨浪小鼓，手舞足蹈，围着父母嬉闹。父母高兴得哈哈大笑，说："这孩子就是长不大。"

　　有一次，老莱子为父母挑水到屋里，不小心跌了一跤。他害怕父母担心，故意装出婴儿啼哭的声音，在地上打滚，滑稽的模样逗得父母开怀大笑。

　　老莱子就是这样，平日里千方百计地讨父母欢心，只要父母开心快乐，他愿意做任何事。

老莱娱亲（清·任伯年）

立身①须行孝，家务亦殷勤②。出门求诸事③，先须启二亲。善言胜美味，含笑莫怀嗔④。

——[唐]佚名《辩才家教》

①立身：处世、为人、安身。

②殷勤：热情而周到。

③诸事：各种事情。

④嗔（chēn）：怒，生气。

译文

为人处世要遵循孝道，对待家庭事务也要热情周到。离家远行办一切事情，先要告诉父母二亲。美好的语言胜过美味，面带笑容不要心怀怒气。

小叮咛

小读者们，家庭和睦安乐是养老、敬老极其重要的一个方面，也是家人长寿的原因之一。老莱子孝敬父母，是发自内心的孝。我们在生活中，也可以多逗父母开心，少让父母担心，不和父母吵架赌气，努力让父母健康长寿。

17. 日行"五孝" 孝行一生

卞庄子割蜜

卞庄子出生在春秋时代的鲁国卞邑（yì），他不仅是一位英勇的壮士，还是一位德行很高的人。

卞庄子家住在卞桥东北十几里的蜂王山下。蜂王山上有一窝非常大的蜂群，它们经常成群地到窝外袭击人畜，人们惧怕蜂蜇（zhē），都不敢上山砍柴、打猎。

一次，卞庄子的母亲得了重病，疾病折磨得老人饭吃不香，觉睡不好。这可急坏了卞庄子，他天天伺候母亲，在病榻前喂水喂药，端屎端尿，从不厌烦。老人在卞庄子的精心照料下，病情好转了许多。

一天，卞庄子到母亲床前问安："母亲，今天您想吃点什么？"

"娘的嘴总是觉得苦，想吃点甜的！"母亲有气无力地说。

卞庄子为难了，说："方圆数里，只有蜂王山蜂巢里的蜜是甜的，别的食物都不甜，怎么办呢？"

"既然这样，我儿就不必发愁了。"母亲躺在床上安慰儿子说，"我只不过说说而已，其实不吃也行。"

卞庄子立即从母亲床前站起来，扭头就走。

"不！孩子，你不能去！"母亲从床上伸出瘦骨嶙峋的手来制止儿子，她说："我听说，蜂王山的蜂可毒啦，你要被蜇坏的！"

卞庄子安慰说："母亲放心，孩儿晓得。"说完，就背上筐子，拿起柴刀，不顾一切地向蜂王山冲去。荆条划破了他的手指和衣衫，他全然不顾。进了蜂王山，一个硕大的蜂巢附在山石上，群蜂铺天盖地向卞庄子袭来。卞庄子扑通跪倒在山坡上，向群蜂说道："尊敬的蜂王啊！请可怜可怜我病重的母亲吧！她想吃点蜂蜜！"

群蜂像是听懂了卞庄子的话似的，向四面八方飞散而去。卞庄子连连道谢："谢蜂王殿下赏蜜！"他从腰间拿出柴刀，从巨大的蜂房里割了一块蜜，安然无恙地离开了。

卞庄子不顾危险为母亲割蜜的故事流传下来，赢得了世人的尊敬。

聆听家训

必须躬耕力作，以养二亲；旦夕谘①承②，知其安否；冬温夏清③，委其冷热；言和色悦，复勿犯颜④；必有非理，雍容⑤缓谏⑥。

——［唐］杜正伦《百行章》

①谘（zī）：同"咨"，商议，征询。
②承：接受（命令或吩咐）。
③清（qìng）：清凉，寒冷。
④犯颜：旧时指冒犯君王或尊长的威严。犯，抵触，违反。
⑤雍（yōng）容：形容仪态温文大方。
⑥谏（jiàn）：直言规劝。

译文

做子女的必须耕种田地尽力劳作，把父母赡养好；每天早晚都要主动向父母询问并听从父母嘱咐，这样可以知晓他们是否平安健康；冬天使父母温暖，夏天使父母凉爽，让他们忘记冷暖之忧；跟父母讲话要态度和蔼、和颜悦色，不能冒犯他们的尊严；即便父母有不合理、违背情理的地方，也要温文大方、委婉诚恳地相劝。

小叮咛

小读者，瞧瞧卞庄子不顾危险、想尽办法割蜜给母亲吃，他是多么孝顺他的母亲呀！他用自己的举动温暖了母亲，也温暖了我们的心。我们小朋友也应该这样哦！"以养二亲""知其安否""委其冷热"，因为父母辛辛苦苦将我们养育，这份恩情我们永不能忘。

18.父慈而敬　子孝而箴

单衣顺母闵子骞

东周的时候，有一个人姓闵（mǐn）名损，字子骞（qiān），别人都叫他闵损。闵损是孔子的学生，他的道德素养很高，可以和以德行著称的颜渊相提并论，但闵损的孝悌之行更为人所称颂。

闵损很小的时候，他的母亲就去世了。后来父亲娶了后母，又生了两个弟弟，后母对他并不好。有一年寒冷的冬天，后母给两位弟弟缝制了厚厚的棉衣，给闵损做的棉衣里塞的却是芦花，一点都不暖和，不能御寒。闵损常常冷得蜷（quán）缩成一团，但他什么也不说。

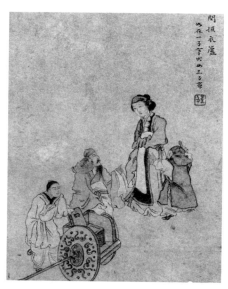

芦衣顺母（清·任伯年）

有次父亲外出，让闵损给他驾车马。凛冽的寒风呼呼地刮过，闵损哆哆嗦嗦的，连缰绳都握不住，掉到了地上。父亲很生气，举起手里的鞭子便抽打他。哪知闵损的棉衣那样单薄，父亲只抽了几下便将它抽烂了，里面的芦

· 42 ·

花露了出来，父亲愣住了，细细一想才明白了一切。

回到家里，父亲就想赶走后母，闵损连忙跪下来对父亲说："有母亲在，只有我一个人受冻，如果母亲走了，两个弟弟也会受冻的，请父亲让母亲留下来吧！"后母被闵损的言行所感动，后悔自己的所作所为。父亲看到闵损这么懂事，后母也愿痛改前非，就没再追究此事。

从此，闵损一家人和睦相处，其乐融融。

聆听家训

父慈而敬，子孝而箴①；兄爱而友，弟敬而顺；夫和而义，妻柔而正；姑慈而从②，妇听而婉③。礼之善物也。

——[北宋]司马光《温公家范》

①箴（zhēn）：规劝，告诫。

②从：宽容。

③婉：温顺，顺从。

译文

父亲对子女慈祥又尊重，子女对父母孝顺又能听从劝告；兄长对弟弟爱护而且友善，弟弟对兄长敬重而又顺从；丈夫对妻子温和且仁义，妻子对丈夫温柔且正派；婆母对媳妇慈祥而又宽容，媳妇听命而又温婉。这一切都是礼法中最规范、最美好的现象。

小叮咛

俗话说："精诚所至，金石为开。"闵损用自己的诚意，感动了冷漠的后母。小读者，亲情上的付出是有回应的，父母若能慈爱有加，子女若能孝顺父母，那这样的家庭一定是和睦而温暖的。

19. 不恶于人　不慢于人

孙思邈孝行天下

孙思邈像

　　孙思邈（miǎo），唐朝京兆华原（现陕西耀州）人，出生在一个贫苦的农民家庭。他小时候看到父母有病没钱医治，十分难过，决心学医为父母疗疾。于是，他到处拜师学医，因聪明过人，受到老师的器重，老师将毕生所学倾囊相授。他刻苦学习，不断实践，终于成为一代名医。隋文帝、唐太宗都曾邀他为官，但他都没有去。

　　他为了解中草药的特性，走遍深山老林，冒着可能中毒的危险，品尝了许多药材，对药性了如指掌。历经数十年的努力，孙思邈对病理、治疗、药物、方剂等基础理论和内、外、儿、妇等各科疾患，进行了全面的总结，写成《千金方》《千金翼方》等医学名著。

　　起初，孙思邈是为了给父母医治疾病才刻苦学医的。但他在从医过程中，看到许多贫苦人无钱治病，深知百姓缺医少药的痛苦，便背起药箱，深入民间，不辞劳苦，不计报酬，救死扶伤。

就这样，孙思邈把他对父母的孝道升华为对黎民百姓的大爱，成为孝行天下的典范，而他"济世活人"的行医宗旨也为医界所尊崇。他被世人赞誉为药王、医神。

聆听家训

爱亲①者，不敢恶②于人；
敬亲者，不敢慢③于人。

——[春秋]孔子及其弟子
《孝经·天子章》

①亲：父母。
②恶（wù）：厌恶，憎恨。
③慢：轻慢，怠慢。

译文

关爱自己父母亲的人，不会讨厌或憎恨别人的父母。尊敬自己父母亲的人，也不会轻易怠慢别人的父母。

小叮咛

小读者们，一个对自己父母充满孝心的人，也会对这个世界充满善意。像孙思邈这样，从最初本着为父母医病的"小孝心"，到后来为天下人医病的"大善行"，值得后人传颂。

20. 能言能行　详缓敬谨

身教重于言传

清朝著名学者陆陇（lǒng）其，在担任灵寿县（现河北省石家庄市）知县时，有一位老妇人到县衙告状，状告儿子忤逆不孝。

陆陇其见这位少年一脸稚气，不像坏人，顿时心中就有了主意，便对老妇人说："我家里面还缺一个童仆，如果您愿意，就暂时由您儿子填补空缺，以后有了童仆，我再作惩罚。"老妇人心想能让儿子跟着知县大人长长见识也是好事，便答应了。

陆陇其让这位少年在自己身边做杂役，随时跟着自己。少年看见知县每天晨起做的第一件事就是向自己的母亲请安，侍候母亲梳洗用餐。每次离开的时候，总会对母亲说："母亲保重，儿子要到县衙（yá）办公去了。"陆陇其从县衙回来后，第一件事还是去看母亲，问母亲一天可否安好。空闲的时候，陆陇其就陪在母亲身边，与母亲拉拉家常，或者给母亲讲笑话。看到知县的母亲开怀大笑，少年也跟着大笑起来。

过了不到半年的时间，少年跪在知县面前，认真诚恳地说："先生孝敬母亲的行为教育了我，我知道该怎么做了。我回去会向母亲

认错，请求母亲原谅我的过错，以后我会像您一样孝敬自己的母亲。"

少年回到家中，向母亲诉说了自己半年来的感受，感谢陆陇其身教之恩，并且保证以后会孝顺母亲。

聆听家训

凡①人家于童子始能行能言，凡坐必教之让坐，食必教之让食，行必教之让行。晨朝见尊长，即肃揖②，应对唯诺③，教之详缓④敬谨⑤。

——[明]霍韬《蒙规》

①凡：凡是。
②肃揖：恭敬地拱手行礼。
③唯诺：应答。
④详缓：和缓。详，通"祥"。
⑤敬谨：恭谨。

译文

凡是家庭都会从孩子能走会说的时候教导他礼仪规矩。凡是落座，一定要教他让座；吃东西，一定要教会他谦让食物；走路，一定要教会他礼让。早晨见到长辈，要恭敬地拱手行礼。回答长辈的问话，要教会他和缓恭谨。

小叮咛

小读者，你知道吗？一个孩子在外面的行为表现，通常就是一个家庭的折射。所以，父母对你的教导会影响你的成长和人生。这一点，你也要告诉你的父母哦！让他们知道他们对你的影响力，督促父母也努力成为更好的人。

21.敦孝悌　笃仁义

崔衍孝顺继母

唐朝左丞相崔伦有个儿子叫崔衍（yǎn），他的继母李氏，很不喜欢他，他却一直孝顺继母。

崔衍在富平（现陕西省渭南市）做都尉时，父亲崔伦出使吐蕃很长时间。崔伦回来时，看李氏衣衫褴褛，就问她原因，李氏说："自从您出使吐蕃，崔衍就不给吃穿。"崔伦非常生气，以为崔衍不孝，就责骂他，还让人把他按在地上，要用鞭子抽打他。

崔衍只是哭，却不解释。叔叔崔殷走过来，替崔衍挡住就要落下的鞭子，他大声说："崔衍每月的工钱，都交给了李氏，她怎么能说没有供她吃穿呢？"崔伦这才明白，从此不再信李氏的话。

崔伦去世后，崔衍更加孝顺李氏。李氏的儿子叫崔郃（hé），常常欠钱，债主就向崔衍讨债。虽然崔衍做了九江刺史那样的大官，但为了替崔郃还钱，生活也过得不宽裕，可仍然善待继母。

崔衍不仅在家孝顺，在朝廷也十分忠心。

崔衍后来被调去虢（guó）州（今河南省西部）当刺史，发现虢州比其他州要多缴好几倍的税。于是，崔衍向上级反映。但上司裴延龄贪污钱财，对他说："以前的刺史都不说这件事的，你也不应

该说。"

但是崔衍仍然向朝廷报告说："虢州是山区，并且是交通要道，庄稼常年歉收，很多人连饭都吃不饱，希望皇上可以减少赋税。我不担心皇上责备我，没有人因为说实话被惩罚。皇上让我管理这么大的地方，让我照顾贫苦百姓，我不敢过多为自己考虑，希望皇上明察。"

唐德宗认为崔衍公正直率，言辞恳切，于是下旨减少虢州赋税。

聆听家训

敦①孝悌之道，笃②仁义之事，不可饮酒太过，不可生事违法，不可悖逆③忘身。

——[明]章圣太后蒋氏《女训》

①敦：劝导，督促。
②笃：忠实，一心一意（地施行）。
③悖逆：违背正道。

译文

督促并勉励以孝敬父母、友爱兄弟为做人的根本，忠实履行仁爱和正义的事，不可过度饮酒，不可违法惹事，不可违背正道，忘了自己的本分。

小叮咛

小读者，像崔衍这样孝敬父母，又能为百姓着想的仁爱、正义之人，值得我们尊敬与学习。重孝道、讲仁义，这样的人，无论生在哪个时代，都是受人敬仰的。希望你长大后，也会成为一个受人敬重的人哦！

22. 父母在　不远游

薛氏兄弟奉母至孝

薛氏兄弟家境贫困，与母亲相依为命，十分孝顺母亲。他们渐渐长大了，可母亲却老了。

兄弟俩商量如何奉养老母亲，让她过得轻松愉悦，不再操心劳力。哥哥薛文说："我们全靠母亲省吃俭用拉扯大，现在我们要好好孝敬她，让她老人家生活得好一些。"弟弟也表示同意。

于是，薛氏兄弟决定每天外出打工赚钱，补贴家用。

他们把这个想法告诉了母亲，母亲欣慰地说："你们两个长大了，有出息了，应该去做工，这样做很好。"母亲又嘱咐一句："每天早点回来。"

第二天，兄弟俩都出去干活挣钱，晚上回来买了鱼肉孝敬母亲，母亲很高兴。她还是像以前一样，把好吃的让给哥俩吃。兄弟俩说："这是我们第一次挣钱买的，应该孝敬母亲。"哥俩不断地给母亲夹菜，母亲开心极了。

可是每次打工回来，兄弟俩都发现母亲站在门口眺望着远方。他们觉得应该是母亲年纪大了，家里没人照顾，她觉得寂寞。于是兄弟二人决定轮流出去做工，留一人在家陪母亲。就这样，每天一

人外出做工，一人留在家里陪母亲，搀扶母亲出去晒太阳，给母亲梳头，为母亲捶背揉肩，告诉母亲昨日外出干活时看到的新鲜事。

乡亲们看到这一切，都赞扬薛氏兄弟真有孝心。

聆听家训

父母在，不远游，游必有方①。父母之年②不可不知也，一则以喜③，一则以惧④。

——[明]朱棣《圣学心法》

①方：地方。
②年：岁数。
③喜：快乐，高兴。
④惧：害怕，恐惧。

译文

父母在世，不出远门。如果要出远门，必须要告诉父母，告知去处。父母的年纪不能不知道，要常常记在心里。一方面为他们的长寿而高兴，一方面又为他们的衰老而恐惧、担忧。

小叮咛

小读者，在我们小的时候，父母总是陪伴在我们身边，因为我们需要他们无微不至的呵护。等我们长大了，父母也就变老了，到那时他们就需要我们更多的陪伴和呵护。读了这个故事，你一定知道该怎么做了吧！

23.骨肉一体 相扶相济

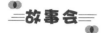
孝悌许武

汉朝许武，他的父亲很早就过世了，两个弟弟一个叫许宴，一个叫许普，年纪还非常小。父亲过世后，身为长兄的许武，不但要负责全家人的生计，更要照顾好两个弟弟。

许武知道自己责任重大，白天到田里劳作时，就把弟弟安置在树下荫凉的地方，教两个弟弟学习如何耕种；晚上回家再教两个弟弟读书，非常辛苦。如果两个弟弟不肯受教，他就跑到家庙向祖先禀明，在祖先面前告罪，认为这都是因为自己教导不力。许武跪着忏悔自己没有尽心尽力，直到两个弟弟愿意认真学习才肯起身，他从来不会疾言厉色地对待弟弟。

许武到了壮年还没有娶妻，有人劝他，他回答说："我怕娶到不合适的人，反而使兄弟的情感发生嫌隙！"

后来许武被举荐为孝廉。为了让两个弟弟也能够成名，跟他一样被举荐孝廉，就故意把家产分为三份，自己取最好的，让弟弟分得少的差的，让所有邻里亲朋都骂这个哥哥贪婪，推崇两个弟弟谦让。等到弟弟在品德、学问和事业上取得成就，也被推举为孝廉时，哥哥才把亲朋好友聚集在一块，把他成就两个弟弟的苦心表露出来。在场的

人都非常惊讶，为了提拔两个弟弟，许武竟如此用心良苦！

从此以后，乡里的人都称他"孝悌许武"。郡守和州刺史推荐许武出来为民服务，并且请他担任"议郎"的官职。许武任职期间声望日重，不久，他却辞去官职返回故乡，先为两位弟弟张罗婚事，而后自己才娶妻。从此，兄弟们生活在一起，相处得非常融洽。

聆听家训

骨肉①一体，义同忧乐。患难则勠力②，困苦则相济③，此天理人情所关，非缘④读书好礼而后然也。

——[明]徐三重《鸿州先生家则》

①骨肉：兄弟姐妹。
②勠（lù）力：并力，合力。
③济：对困苦的人加以帮助。
④缘：因为。

译文

兄弟姐妹本是一家人，情义相同，忧乐共担。生活上遇到困难和危险，就要齐心协力克服；遇到艰难和困苦，就要相互救济帮扶。这是天之常理，人之常情，并不是因为读书明礼之后才这样的。

小叮咛

小读者，"孝悌许武"用自己的孝心和毅力，在家庭极其困难的情况下，一人担负起全家的生计和看护两个弟弟成长的重任。正如家训中讲到的，兄弟姐妹本是骨肉，一家人只有和睦相处、互相帮助、患难与共，才能克服所有困难，这是天之常理，人之常情。

24.立身天地间　躬行"八字诀"

海瑞的"忠孝"故事

说起明代的清官海瑞，大家并不陌生。可如果要问海瑞如何成为清官的楷模，或许就没有多少人知道了。其实，这与他优良的家风是分不开的。

海瑞从小就没了父亲，和母亲相依为命。母亲经常教导他，"忠""孝"二字是海家的家风，绝不能丢弃。海瑞在浙江淳安（今属浙江杭州）当知县时，那里比较富裕，人人都认为是个肥差，而母亲却时时提醒儿子："当官要为民做主，要公正廉洁。"海瑞谨遵母亲的教诲，廉洁奉公。任期满后，他被调到江西兴国县（今属江西赣州）任知县。母亲劝慰他："宁愿不升官，也要守忠孝。"

嘉靖皇帝二十多年不上朝，臣子们都敢怒不敢言，海瑞挺身而出，指责嘉靖不是一个好皇帝。结果皇帝很生气，将他关入大牢。母亲又给儿子带信，叫他不要绝望，不要改变自己的志向。隆庆皇帝即位后，把海瑞放了出来，并委以重任。官做大了，母亲又告诫儿子："在朝廷为官要清正廉洁，审理案件要明察秋毫，为民请命要不辞辛苦。"

母亲七十岁时，海瑞想为母亲好好办一次寿宴。母亲不同意，说即便是用自己的钱，也容易让百姓误解，让别有用心的人借机大做文章。于是到了母亲寿诞这天，海瑞自己买了两斤肉，用自己种的菜，做了三菜一汤，还献上自己写的一幅字，这幅字正看是"生母七十"，倒过来看是个大大的"寿"字。母亲说"这就挺好"。

海瑞不管到哪儿，中堂一定要悬挂"忠孝"二字。看到这两个字，海瑞就仿佛看到了读过的圣贤书，更仿佛听到了母亲的教诲声。

◉聆听家训◉

男子立身天地间，以"孝弟忠信，礼义廉耻"八字朝夕体认①，实践躬行②，万善百行③，皆④从此出。

——[明] 张永明《张庄僖家训》

①体认：体察认识。
②躬行：亲身实行。
③百行：各种品行。
④皆：都。

◉译文◉

男子汉在天地间安身立命，每日应以"孝悌忠信、礼义廉耻"八个字作自我反省，而且要去身体力行。其实各种善举、各种品行，都是从这八个字由来的。

◉小叮咛◉

小读者，海瑞一生都是百姓的好父母官，这与海瑞有一个深明大义的母亲分不开，也与海瑞践行"忠孝"的家风分不开。"孝悌忠信，礼义廉耻"，我们也要把这八个字放在心里，以此要求自己，做一个善良正直的人啊！

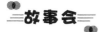

东汉名臣孔奋

在每个朝代更替的时候，总会涌现出一批忠臣孝子，孔奋就是其中一个。

那是在东汉建立后，河西大将军窦（dòu）融请孔奋担任自己的助手，到姑臧（zāng）县（现甘肃武威）当县长。他工作勤奋，把姑臧县治理得井井有条。当时社会动荡不安，只有河西这个地方还算安定，姑臧县在河西被人称为富县。以前来这里的县官，没多久就能富起来，只有孔奋是个例外，当了四年富县的官，家里却没有什么资产，生活过得非常清贫，因为他只拿自己的工资。

孔奋是个孝子，对母亲百依百顺。虽然他为官清廉，收入不多，但他却想尽办法让母亲吃上好东西，他的工资一大半都用来给母亲买吃的，而他和妻儿吃的却是普通的饭菜。

那时的社会风气不好，官员不注重自己的品行修养，贪污腐败问题很严重，而孔奋在富县当县长，却能严于律己，做到清正廉明。别人都笑话他死板，不懂变通，但他却依旧坚持自己的原则。当时的太守梁统非常敬重他，平时孔奋来拜见，他都要到大门口迎接，从不把他当下属，而是把他当作知己一样对待，还把他带到自己家里拜见母亲。

后来，孔奋被派到京城做官。离开那天，百姓们主动凑了很多财物，准备了车辆，派人追出好几百里地才追上孔奋，想把这些东西送给他。但是孔奋只是拜谢百姓的情义，什么也没收。

聆听家训

处族之道，当以孝弟为本，而其尊敬当施①之贤者②。至于任用，必量③其才力，过④则有悔，而恩义于是不终矣。

——[明]陆深《陆俨山家书》

① 施：给予。
② 贤者：有德行、才能的人。
③ 量：估计，衡量。
④ 过：过失。

译文

跟族人一起生活、交往的方法，应当以"孝悌"为根本，并把自己的敬意献给德才兼备的人。至于选拔任用人才，一定要衡量他的才干与能力，一旦有了过失，后悔也还来得及，族人间的恩情道义这样才不会终断啊。

小叮咛

小读者，做一个真正德才兼备的人，不管以后你处在怎样的环境之中，都可以昂首挺胸、理直气壮地施展你的才华。这也是你对父辈们的孝顺，你的品德和才能应该让你的长辈们感到骄傲。

故事会

兄弟情深感化母亲

和睦人家图（清·钱慧安）

古人王祥，历经汉、魏、晋三代，先后担任县令、太尉、太保等职位。王祥小时候，母亲便去世了，父亲娶了继母朱氏。继母对王祥并不好，经常在父亲面前说王祥的坏话。渐渐地，父亲因误解王祥开始疏远他。但王祥并没有记恨继母，反而对她十分孝顺。

后来朱氏生了一个男孩，取名王览。王祥非常喜欢这个弟弟，主动照顾他，哄他玩耍，哥俩从小关系就特别好。

王览逐渐长大了，他不仅是孝子，而且非常尊重哥哥王祥。但是母亲从来不肯放过王祥，经常无缘无故刁难他，甚至毒打他。每当王览看到哥哥被母亲毒打时，就会跑过来哀求母亲，抱着哥哥哭泣，求母亲不要打他，让自己代哥哥受罚。母亲经常让王祥干重活，不是砍柴就是推磨，每当这时，王览就过来帮忙。

虽然王祥受到继母的虐待，父亲也不信任他，但他仍然十分孝顺父母，总是想方设法地满足他们的要求。当父母生病时，他跑前跑后地伺候汤药，照顾得十分周到，但即使这样也没能得到继母的关爱。

王祥、王览成家后，朱氏变本加厉，就连王祥的妻子也一样受到虐待。继母经常对王祥提出不合理的要求，王览也自愿跟着王祥一起吃苦受罚。兄弟友爱，感动了哥俩的妻子，妯娌之间也和睦相处。

久而久之，朱氏看到自己的亲生儿子王览和王祥这样友爱，她被这种患难与共的手足情感动了，从此一家人和睦相处。

聆听家训

兄弟要看得如一人，不可看作两人。友爱同心，固^①称难得。即不幸而遇性情乖戾^②者，当思往日舜不幸而有象^③。

——[清]沈起潜《沈氏家训》

①固：本来，原来。
②乖戾（lì）：（性情、言语、行为）别扭，不合情理。
③象：姚姓，舜同父异母的弟弟。

兄弟之间要亲如一人，不能看作两个人。友爱同心，本来就是很难得的。即使不幸遇上性情乖戾的兄弟，也应当想想曾经舜帝有个同父异母弟弟象的不幸故事。

小读者，王祥继母虽然对他不好，但是他有一个愿意和他同甘共苦，甚至用生命保护他的弟弟。兄弟之间的爱终于感动了继母，一家人可以和睦相处。我们要记住，兄弟本是同根生，兄弟之间一定要同心协力、团结友爱，这样的家才会越来越好。

27. 行"四好" 走正道

胡宗绪正直之路

清朝康熙年间，有个读书人叫胡弥禅，娶了安徽桐城一户潘姓人家的小姐为妻，婚后潘氏生了三个儿子，长子叫胡宗绪。

胡宗绪稍大一点，潘氏决定送他去读书。由于他家附近没有私塾，潘氏便把儿子送到很远的地方去读书。

每日清晨，母亲把儿子送到巷口，含着眼泪看儿子渐渐消失在雾霭（ǎi）里，直到看不见儿子的身影才回家。就这样过了三年，家里实在太穷了，潘氏只好让宗绪在家自学。

潘氏虽不识字，但为了帮助儿子学习，她就让宗绪把书念给她听，她凭着自己的社会经验和阅历，把自己理解的意思再讲给儿子听。就这样，儿子读，母亲讲，宗绪的自学坚持了下来。潘氏听到儿子读朱熹的文章，深为感叹地说："我觉得人世间应当有这样的书！"她要求儿子今后定要多读此类书，将来成为深明大义的人。

有一年，当地遭遇灾害，潘氏自己每天只用瓜蔓、野菜充饥，却用麦子熬成粥给孩子们吃。即使孩子们剩下一口稀粥，她也舍不得吃，而是让孩子们送给村子里挨饿的灾民。潘氏的这些举动给孩子们留下了深刻的印象。

闲庭教子图（清·冷枚）

在母亲的严格教育下，胡宗绪成长为一个品学兼优的人。一次，胡家翻修房屋，仆人在旧宅基上挖出了一个盛满金子的罐子，里边有黄金千两，仆人把金子交给胡宗绪的时候，他却坚决拒收。潘氏闻知此事，非常高兴。因为她知道儿子没有辜负自己这么多年来的苦心教育。

清雍正八年（1730），胡宗绪刻苦钻研，终于学有所成，考中进士。

聆听家训

读书就业，各要专心。须说好话，学好样，存好心，行好事。勤俭①终身，处事不欺②，弟兄和睦，夫妇有别。

——[清]沈起潜《沈氏家训》

①勤俭：勤劳而节俭。

②欺：欺骗。

译文

读书工作，都要专心。必须说好话，学好样，存好心，做好事。勤劳节俭一生，做事不欺不骗，兄弟求和睦，夫妇各有责。

小叮咛

小读者，从故事中你看到潘氏从日常生活小事上启发、引导孩子走正直之路，做正直的人。我们也要记住《沈氏家训》的"四好"训导：说好话，学好样，存好心，行好事。认真读书，认真做人。

故事会

公艺百忍

张公艺像

张公艺，郓州寿张（今山东省阳谷县寿张镇）人，他是古代著名的寿星，历北齐、北周、隋、唐四代，寿九十九岁。他更是历史上治家有方的典范，他的家族九代同居，仍然能够和睦兴旺。

张公艺家族从北齐开始就得到当时朝廷的重视，皇帝褒奖这户人家住在一块和睦共处，足以成为邻里的典范。隋唐时期，张家也一样得到朝廷旌表。张公艺九代同堂，子孙繁盛，人财两旺。乡邻们对这个大家庭全都交口称赞，有说当家人公平、管理有方的，也有说一家人团结、品德高尚的。到唐高宗时，这户人家依然十分兴盛。

有一次，高宗皇帝到泰山路过当州这个地方，就饶有兴致地去拜访了张公艺，当面就问："为什么你们这么多人生活在一起还能和乐融融呢？"张公艺就请求用纸笔来对答，高宗皇帝就给了他纸

百忍堂匾

笔，他提起笔竟连写了一百多个"忍"字呈给皇上，并且说："好的家庭一切都得益于'忍'。"

他继续解释道："宗族为什么不能和睦相处呢？主要还是领导人有私心，在衣食住行方面徇私，家人当然就会愤愤不平。除此之外，长幼是否有序，也是关键。如果一个家庭没有尊卑，没有次第，那么这个家就会很混乱，生活在一起一定会纷争不断。更何况彼此之间如果不能相互包容，就会有矛盾和争吵，就不能同心协力地工作生产，家里的产业就不能蒸蒸日上，这个家就没有办法维持下去了。如果每个家庭成员，都能积极为家族作贡献，都能用这个'忍'字做到礼让，那么家庭当然就能和睦了。"

千百年来，张公艺及其大家族备受尊敬，被传为美谈。至今，他所写的《百忍歌》，还在当地广泛流传，影响深远，传递着满满的正能量。

欲①造优美之家庭，须立良好之规则。内外门间②整洁，尊卑次序谨严。父母伯叔孝敬欢愉，妯娌③弟兄和睦友爱。

——[五代十国]钱镠《钱氏家训》

①欲：想要，希望。
②门间：乡里，里巷。间，里巷的门。
③妯娌（zhóu li）：兄弟的妻子的合称。

译文

想要打造幸福美满的家庭，就必须建立良好的家规。家的里里外外都要干净整齐，长幼尊卑的次序也一定要严格遵守。对父母叔伯要孝敬承欢，对妯娌兄弟要和睦友爱。

小叮咛

小读者们，张公艺正因为有了"百忍歌"，才成就了九代同堂的美谈。不知你是否懂得"忍"字的意义与力量？"欲造优美之家庭，须立良好之规则"，要想建立和谐温暖的家庭，家规是非常重要的。你们有哪些家规呢？不妨和同学交流一下。

29. 虽远宜诚　虽愚须读

五子登科

宋代的曾巩是"唐宋八大家"之一，他不仅文才出众，而且孝顺继母，在当地成为一段佳话。

曾巩很小的时候母亲就去世了，父亲娶了继母。继母姓朱，知书达礼，对曾巩兄妹非常好，曾巩很尊敬她。曾巩十八岁时，和兄长曾晔一起赴京赶考，但都没有考中，继母鼓励他们说："不怕失败，就怕失去目标，你们一定要好好念书。"

后来，曾巩的父亲曾易占在江西做县令时，因遭人诬陷被革职，家里失去了生活来源。为了支持这个家，曾巩开始下地干活，后来又经商，他的足迹踏遍大半个中国。

家庭经济条件好一些后，继母朱氏又鼓励他们继续读书准备科举考试。过了几年，曾巩兄弟又去应考，

读书图（清·佚名）

还是都没考中。落榜后，曾巩心里很难过，觉得对不起继母的关爱。朱氏认为曾巩兄弟需要鼓励，对他们说："欧阳修看过你们的文章，觉得很好，不要灰心。"

在继母的支持和鼓励下，曾巩兄弟更加发愤读书。几年后，兄弟四人和妹婿一起去考试，真是皇天不负有心人，五个人全部考中进士，这才是真正的"五子登科"。他们回到家后，朱氏也非常高兴。曾巩真诚地对她说："没有您的教诲，就没有我们的今天，您就是我们的亲生母亲。"

曾巩真心地孝顺继母，真诚地感谢她的鼓励和支持。曾巩兄弟之间也非常友爱，他们一起读书，共同成长。曾巩有九个妹妹，她们的婚嫁全是曾巩操办的。

曾巩孝敬父母，爱护弟弟、妹妹，在家里承担起"长兄如父"的责任，给后人做出了榜样。

聆听家训

祖宗虽远①，祭祀②宜诚；子孙虽愚，诗书须读。
——[五代十国]钱镠《钱氏家训》

①远：离开。
②祭祀：备供品向神佛或祖先行礼，表示崇敬并求保佑。

译文

祖宗虽然已经离我们远去，但是在祭祀的时候一定要诚心诚意。

即使子孙的天分不高，资质不好，也一定要让他们饱读诗书，懂得道理。

小读者，"望子成龙，望女成凤"是每一个家长的心愿，相信你的父母也为你的成长操了不少心吧？你感受到了吗？我们要对父母心存感恩，用心读书，成为一个更有用的人，这就是对父母最大的孝顺。

30. 事父母　乐其心

涤亲溺器

黄庭坚，字鲁直，号山谷道人，晚号涪翁，洪州分宁（今江西省九江市）人，北宋著名文学家、书法家。黄庭坚同时也是一个秉性至孝的人。

他很小的时候，父亲就去世了。母亲思念成疾，黄庭坚每天跑去为母亲清洗茶杯并沏好茶。母亲看着干净的茶杯，喝着黄庭坚泡的茶，甚感欣慰。母亲生病卧床休息时，常常被粪桶的味道熏得恶心。黄庭坚有备而来，他带了把刷子，走进母亲的卧房要亲自为母亲倒粪桶、洗粪桶。母亲爱干净，他决定不劳烦别人，亲自做好这件事情。

人到中年，黄庭坚身为朝廷官员，公务十分繁忙。他每天忙完公事回来，第一件事仍是去探望年迈的母亲，端茶递水，精心照料，依然每天为母亲刷洗便桶，从不让他人代劳。

有一次，有人问黄庭坚："您身为高贵的朝廷命官，家里又有仆人，为什么要亲自来做这些杂细的事务，甚至还亲手做刷洗便桶这样卑贱的事情呢？"

黄庭坚回答说："孝顺父母是我的本分，同自己的身份地位没

涤亲溺器 〔清·任伯年〕

　　有任何关系，怎能让仆人去代劳呢？再说孝敬父母，是出自一个人对父母至诚感恩的天性，又怎么会有高贵与卑贱之分呢？”

　　母亲病危时，黄庭坚更是衣不解带，日夜侍奉在病榻前，亲尝汤药，直到母亲病故。

　　黄庭坚数十年如一日地为母亲洗涤便桶，才学与孝行兼备，深受人们敬佩。有诗赞扬说“贵显闻天下，平生孝事亲。亲自涤溺器，不用婢妾人”。苏轼也曾赞叹道：“瑰玮之文，妙绝当世；孝友之行，追配古人。”说他文章瑰玮，气韵超然，当世无可比拟；而他孝顺父母，友爱兄弟之美德，又可媲美古人。

凡子事①父母，乐其心，不违其志②，乐其耳目③，安其寝处，以其饮食忠养之。

——[北宋]司马光《居家杂仪》

①事：侍奉，伺候。
②志：志向，心之所向。
③耳目：耳朵和眼睛，这里指见闻。

译文

凡是孝顺的子女侍奉父母，都要让他们心情愉快，不可以违背他们的意愿，让他们的所见所闻都非常愉悦，让他们住得舒适，拿他们最爱吃的东西赡养他们。

小叮咛

小读者们，在外，我们要做社会的好公民，遵纪守法，做个对社会有用的人；在家，我们要对长辈尽孝，做一个让父母舒心的好孩子。同时也要尊敬别人的长辈，人同此心，你的父母也会被人温暖相待。

骨肉天亲，同枝连气，凡利害休戚，当死生相维持。

31. 兄弟结义　志均义敌

桃园三结义

东汉末年，朝政腐败，再加上连年灾荒，人民生活非常困苦。离涿（zhuō）州（现河北省保定市）不远处，有个村庄叫忠义店，据说那里是张飞的老家。

桃园三结义

张飞是卖肉出身，他平日里除了卖肉，就是习武练功。他勇猛过人，武艺高强。平时他把猪肉存放在门前的一眼井里，井口上压着一块千斤重石。因为没人搬得动石头，所以肉也丢不了。他以为自己力气最大，就在井旁石上写了两行字：搬动石头者，白割肉一刀。

一天，一位红脸膛、长胡须、细眼浓眉的大汉，来到这里贩卖绿豆，这人就是关羽。关羽路过张飞门口，看见石头上的

两行字，微微一笑，走到井旁。只见他两膀一使劲，"嘿"的一声，搬开了大石头。关羽也不客气，"唰"的一刀割走了半扇猪肉，放到自己的小车上，到集市上卖绿豆去了。店里的伙计见一位红脸大汉移石割肉，就赶紧报告给张飞。

张飞一听火冒三丈，就到集市上找关羽算账。他看到关羽，也不搭话，走上前去，抓起一把绿豆，一用劲把绿豆拈（niān）成了碎面，又抓起一把拈成碎面，左一把，右一把，眼看关羽的绿豆都成了豆粉。关羽问他为什么把绿豆拈碎，张飞说这是糟绿豆，二人争着争着，就动手打了起来。这两人力大无比，人们都不敢过来劝架。

这时，只见一位眉目慈善忠厚的汉子，肩上挑着一担草鞋走了过来，这就是刘备。刘备上前，一手一个地把二人分开。三人互相通报了姓名，越说越投机，于是就一同到张飞的店中饮酒。

后来，刘备、关羽、张飞在店后的桃园结拜成兄弟，干了一番轰轰烈烈的大事业。

聆听家训

四海之人，结①为兄弟，亦何容易。必有志均义敌②，令终如始者，方可议③之。

——[南北朝]颜之推《颜氏家训》

①结：结拜。

②志均义敌：志向相同，道义匹配。

③议：商议，讨论。

75

来自五湖四海的异姓之人，想要结拜为兄弟，这谈何容易？必须是志向相同、道义匹配的人，并且始终如一的，才可加以商议。

小读者，刘备、关羽、张飞桃园结义的情谊成为一段佳话，流芳百世。我们和朋友之间应相互尊重、相互帮扶，不值得为了一点小事就闹矛盾。大家应该一起携手努力，共同开创一番事业，有福同享，有难同当，这样才是真正的朋友，真正的兄弟。

32. 兄弟情深　分形连气

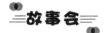

三兄弟

从前，有个老人，他有三个儿子。一天，他把三个儿子叫到跟前说："现在你们都出去学一门技艺，等到学成归来，看谁的本事最高，房子就归谁。"

儿子们都赞同这主意，并且很快确定了各自的目标。老大要当铁匠，老二要做剃头匠，老三打算当剑客。他们约好了回家"比武"的时间便各奔前程了。

他们离家后各自拜了名师，学到了高超的技艺。约定的时间到了，三兄弟按时回到了父亲的身边。他们坐下来商量怎么比试。

这时，一只兔子突然跑过田间，"哈哈！来得正是时候。"剃头匠说着，只见他端起脸盆和肥皂，待兔子跑近，迅速地在兔子身上抹上肥皂泡沫，就在兔子仍在奔跑的同时，以迅雷不及掩耳之势给兔子剃了个短胡子，丝毫不伤体肤。"干得漂亮！"老人夸道，"如果你的兄弟不及你，房子就归你啦！"

不一会儿，只见一个贵族乘着马车疾驰而来。铁匠说："爹，您老瞧我的吧！"只见他几步就追上了马车，瞬间就给一匹飞驰的马儿换了四个崭新的马蹄铁。"不错！你一点也不比你弟弟逊色。"

父亲这下可犯难了，"我该把房子给谁呢？"

这时老三说话了："爹，也该让我表现一下了。"天空正巧下起雨来，只见他拔出剑，不停地在头顶挥舞起来，竟是滴水不漏，身上一点儿也没湿。父亲见了大惊，说："你的技艺最精湛，房子就归你啦！"两位大哥对这一结果也口服心服。

由于他们三兄弟手足情深，彼此不愿分开，于是都留在这所房子里。他们都各有一门绝活，且人又聪明，于是赚了很多钱，一同过着幸福的生活。

聆听家训

兄弟者，分形连气①之人也。方其幼也，父母左提右挈②，前襟后裾③，食则同案④，衣则传服⑤，学则连业⑥，游则共方，虽有悖乱之人，不能不相爱也。

——[南北朝]颜之推《颜氏家训》

①分形连气：指兄弟形体分开而气质相连的意思。

②挈（qiè）：提携。

③前襟后裾：形容兄弟间关系密切。

④案：类似桌子的木制品。

⑤传服：指衣服老大穿新、老二穿旧、老三接着穿。

⑥连业：指兄弟共用一本课本。

兄弟，是形体虽分而气质相连的人。当他们幼小的时候，父母左手牵右手携，拉前襟扯后裾，吃饭同桌，衣服递穿，学习用同一本课本，游玩去同一处地方，即使有荒谬乱来的人，也不可能不相友爱。

🔵〓小叮咛〓🔵

小读者，兄弟又被称为手足，就像人的手和脚一样密不可分。兄弟间的手足情分总是最温暖的，兄弟总会在你最需要帮助的时候，第一时间出现，站在你旁边，陪着你笑，陪着你哭，陪着你受苦。所以，我们一定要珍惜兄弟的情谊。

33. 宽容厚道　真心待人

管鲍之交

春秋时期鲍叔牙和管仲是好朋友，二人志同道合。

他俩曾经合伙做生意，一样地出资出力。但在分利的时候，管仲总要多拿一些。当别人都在为鲍叔牙鸣不平的时候，鲍叔牙却说，管仲不是贪财，只是他家里穷呀。

管仲三次做官都被撤职。别人说管仲没有才干，鲍叔牙又出来替管仲说话："这绝不是管仲没有才干，只是他没有遇到能够施展才能的机会而已。"

管仲曾经三次被拉去当兵打仗，每次打仗都躲在最后面，撤退跑在最前面，人们笑他贪生怕死。鲍叔牙再次直言："管仲不是贪生怕死的人，他家里有老母亲需要奉养啊，要是他战死了，他的老母亲怎么办？"

后来，鲍叔牙当了齐国公子小白的谋士，管仲为齐国另一个公子纠效力。在两位公子对王位的争夺战中，管仲曾驱车拦截小白，引弓射箭，正中小白的腰带。小白弯腰装死，骗过管仲，日夜驱车抢先赶回国内，继承了王位，称为齐桓公。公子纠失败被杀，管仲也成了阶下囚。

齐桓公登位后，要拜鲍叔牙为相，并欲杀管仲报一箭之仇。鲍叔牙坚决辞去相国之位，并指出管仲之才远胜于自己，尽力劝说齐桓公不计前嫌，让管仲当丞相。于是，齐桓公重用管仲，果然，管仲的才华逐渐施展出来，尽心尽力辅佐齐桓公，使他成为春秋五霸之一。

聆听家训

兄不知①教，则谓②之不兄；
弟不率③教，则谓之不弟。
——［南宋］王十朋《家政集》

①知：知道，明白。
②谓：说的是，称之为。
③率：遵循，遵从。

译文

兄长不知道教导，就不能称之为兄长；弟弟不遵从兄长的教导，就不能称之为弟弟了。

小叮咛

小读者，心胸狭窄、智慧薄劣的人常常会区分朋友和敌人，智者却一视同仁，慈悲众生。面对身边的人和事，要宽容厚道，真心待人，懂得忍一时风平浪静，退一步海阔天空。

34. 以德报怨　自正其身

卧冰求鲤

晋朝时期，有个叫王祥的人，心地善良。他幼年时失去了母亲，继母朱氏对他不慈爱，时常在他父亲面前说三道四，搬弄是非。他父亲对他也逐渐冷淡。

有一天，继母感到心口郁闷，疼痛难忍。父亲叫来郎中给继母号脉。郎中开了药方，说要治好这种病，需喝鲜鲤鱼汤才会见效。可是，这时正值寒冬腊月，到哪去买鲤鱼呢？怎么办？大家你看看我，我看看你，不知如何是好。

这时，王祥说："父亲，我出去一下。"

"王祥，你到哪儿去？"父亲问道。

"我去村外那条河边。"

"河面冰冻了，你去那里干什么？"

"父亲，我会有办法的！"说完，他便径直向村外那条河走去。

王祥来到河上，看到河面结了一层厚厚的冰。只见王祥迅速脱掉上衣，躺在了冰上！刺骨的寒风像千万只尖利的刀刃割着王祥的肌肤。也许是王祥的孝心感动了上天，厚厚的冰层竟然被他的体温渐渐融化

了一小块，露出了一个洞。王祥敲开冰，只见水下有好多鲤鱼。他将手伸到冰冷的水里抓了两条鲤鱼，踉跄着往家走去。"父亲，有了，有鱼了，有鱼了！"

"哪来的？"父亲感到惊讶。

卧冰求鲤 （清·任伯年）

王祥把捉鱼的经过一五一十地告诉了父母。王祥的父母颇受感动，尤其是他的继母，羞愧不已。她拉过王祥，紧紧地搂住他，含泪说道："祥儿，你真是个好孩子。以前都是母亲做得不对。以后我再也不会嫌弃你了。"

从此，他的孝行被传为佳话，成为孝子的楷模。人们都称赞王祥是人间少有的孝子。

聆听家训

其教之也，亦不在乎谆谆①耳提而面诲②之也，在先正其身③以率④之。为长者不自正其身，虽有谆谆之诲，彼且得以为辞，而望其率教难矣。

——[南宋]王十朋《家政集》

①谆（zhūn）谆：反复告诫、再三叮咛。

②耳提而面诲：不但当面告诉他，而且揪着他的耳朵向他讲。形容教诲殷勤恳切。

③正其身：端正自身的行为。

④率：遵循，遵从。

教育一个人，不在于再三告诫，揪着耳朵当面叮嘱他，而应该先端正自身，做好表率。为人师长若不自正其身，虽有殷勤恳切的教导，对方以为就是说说而已，想让他遵从教诲是很难的。

小叮咛

小读者，当你对伤害自己的人报以宽容谅解时，不但会化解、避免很多无谓的矛盾和是非，而且会产生一种温暖的自我完美感，可以消融自己的痛苦和烦恼。原谅一个人，多造一次福；多争一次强，多树一个敌。能付出爱心是福，能消除烦恼是慧，愿你能做一个有智慧的人！

35. 不忘小善　不记小过

陈平忍辱苦读书

陈平是秦末汉初人，在他很小的时候父母就双双离世了，留下他和哥哥相依为命。陈平非常喜欢读书、交游，邻居们时常能看到他认真地捧着一本书仔细阅读。

陈平的哥哥非常爱护弟弟，他将家里的各种农活都承担了下来，让弟弟安心读书，以后为陈家光大门楣。但是陈平这种整天读书、交游的生活还是引来了很多非议，当时乡里的不少人都看不起他，而最让陈平感到为难的是，他的大嫂也不理解他。

陈平的大嫂对于这么一个每天光吃饭不干事的小叔子非常不满，动不动就嘲讽羞辱陈平。陈平一忍再忍，大嫂却变本加厉，甚至还说："我们每天累死累活地干，却只能吃糠咽菜，日子够苦的了，还要养这样一个小叔子，还不如没有呢！"听到这番话，年轻气盛的陈平再也不能忍受，就离家出走了。他的哥哥知道后

《映雪读书图》局部
（清·任伯年）

85

就把他找了回来，还把自己的老婆给休了，支持他继续学习。陈平往后则更加发愤读书。

两人的兄弟深情感动了不少人，有很多有名的学者都愿意和陈平交流，其中还有专门前来收他为徒的，陈平也跟着学到了很多的知识。陈平终于学有所成，之后辅佐刘邦，成就了一番大业。

聆听家训

不忘小善①，不记小过②。录小善则大义明，略小过则谗慝③息，谗慝息则亲爱全，亲爱全则恩义备④矣。

——[明]仁孝皇后徐氏《内训》

①善：恩惠。
②过：过失。
③谗慝（tè）：谗言邪语。
④备：具备。

译文

亲人对自己有小恩小惠，要牢记不忘，亲人对自己有小的过失，不要计较。记小善，亲人间的恩义就渐渐厚了，略小过，谗言邪语就会消失。谗言邪语消失了，和睦友爱就会齐全；和睦友爱齐全了，则恩情道义都具有了。

小叮咛

小读者，陈平忍辱苦读的故事告诫我们：贫苦不要紧，只要坚持自己的梦想，并为之努力付出，将来肯定可以有所成就。当然，身边有这么一个无条件支持鼓励自己的人，真是一件无比幸福的事，我们一定要珍惜啊！

36. 家和国兴　孝字当头

亲尝汤药

公元前202年，刘邦建立了西汉政权。刘恒是汉高祖刘邦的第四个儿子，也就是汉朝有名的皇帝——汉文帝。

他做了皇帝以后，虽然每天政务繁忙，但从来不会忘记到母亲薄太后那里请安问候，早晚都是如此。

薄太后身体不好，有一次得了重病，在病床上躺了很长时间，太医仔细为她治疗，可病情却迟迟不见好转。汉文帝心里很是着急，就不分昼夜地尽心照顾母亲，除了主持朝政，处理政务，其他时间都用来照顾生病的母亲。虽然皇宫里有很多宫女负责侍候薄太后，但是刘恒还是不放心，一有空便来到母亲的病床前，殷勤精心地看护，连夜间睡觉都不能安寝，每次看到母亲睡了，才趴

亲尝汤药（清·任伯年）

在母亲床边小憩一会儿。

刘恒亲自为母亲煎药，煎好后自己总要先尝一尝，看看汤药苦不苦、烫不烫，自己觉得差不多了，才放心给母亲喝。他耐心服侍了母亲三个年头，后来薄太后的身体终于好转，他却由于操劳过度累倒了。

汉文帝的仁义和孝顺感动了文武百官及天下的百姓，他的孝母故事也随之成了千古传颂的佳话。他治国有方，国家一派兴旺，与后来的汉景帝一起开创了历史上"文景之治"的繁荣时代。

聆听家训

疏戚①之际，蔼然②和③乐。由是推之，内和而外和，一家和而一国和，一国和而天下和矣，可不重与？

——[明]仁孝皇后徐氏《内训》

①疏戚：亲疏。
②蔼（ǎi）然：温和，和善。
③和：和睦。

译文

远亲近戚之间，和睦相处，和和乐乐。由此推而广之，家内和睦则家外和睦，一个家庭和睦则一个国家和睦，一个国家和睦则整个天下都和睦了，这个道理难道可以不重视吗？

小叮咛

天之大，孝为先。汉文帝作为一国之君，政务繁忙，还要亲自侍奉生病的母亲，不愧为孝之模范。都说"家和万事兴"，一个家庭如此，一个国家也是如此，这就是"国和天下兴"，家好国好万民才好。

37. 挨杖伤老　大孝之道

伯俞泣杖

汉朝时，大梁有个叫韩伯俞的人，生性孝顺，是出了名的乖孩子。尽管这样，母亲对他的管教仍然非常严格。

不过，小孩子哪有不犯错的？韩伯俞只要稍微有点小过错，母亲就要用拐杖打他。每当这时候，韩伯俞一不躲避，二不辩解，乖乖地跪下，心甘情愿地接受母亲对他的惩罚。母亲打他打得再狠再痛，他都一声不吭地忍受下来。等到母亲打完，气也慢慢消了，他才笑嘻嘻地向母亲谢罪。母亲看到他这个样子，心情也好了许多。就这样，孝子严母相依为命，日子过得倒也安宁。

韩伯俞长大后做了官。即使这样，只要母亲认为韩伯俞有错，仍然用拐杖打他，他也像以前那样接受。

一天，韩伯俞又犯错了，母亲拿起拐杖打他。挨打后，韩伯俞放声痛哭起来。母亲觉得很奇怪，问他："以前打你，你总是和颜悦色地接受，从来没有哭过，怎么今天打你，你却哭起来了呢？"

韩伯俞说："以前我犯了错，您用拐杖打我，打得我真的很痛，说明您的身体很健康，体力旺盛。您疼爱我的日子还很长，我可以常常承欢在您的膝下。但您今天打我，我却没感觉到痛，说明您的身体已经不如从前。母亲变得衰老了，表明今后的日子不多了。"韩伯俞想到这些，就悲从中来，放声大哭。

　　母亲听罢，把拐杖扔在地上，长叹一声，沉默许久。这事传出后，人们都说韩伯俞是个大孝子。

聆听家训

　　　　不幸而父母有过①，又当从容谏②正，必置③父母于无过之地，则为大孝之道。

　　　　　　　　　　——[明]曹端《家规辑略》

① 过：过失。

② 谏：劝谏。

③ 置：搁，摆，安放。

译文

　　若不幸父母有了过失，做子女的应当从容劝谏，劝的时候要将父母放在没有过错的位置上，言语柔和，这才是大孝道。

小叮咛

　　小读者，随着时光流逝，我们慢慢长大了，就像鸟儿羽翼逐渐丰满，但是父母两鬓的白发正在悄悄生长，额头的皱纹也正在无声地嵌入。很多时候，我们忽视了对父母的关心和孝顺。读了《伯俞泣杖》的故事和曹端的家训，你有哪些感想呢？

38. 教之以道　训之以礼

"乐和李公"

唐朝时，有一位刚正不阿的清官叫李景让。他在朝为官，坚毅刚强，品德高尚。他为人伸张正义，铲除奸吏，从不计较个人得失，为百姓做了不少实事。

李景让出身豪门大族，父亲早逝。母亲郑氏对他管教特别严格，才使他没有变成纨绔子弟。他从小就了解人民生活疾苦，深知"盘中餐粒粒皆辛苦"的道理。李景让深切同情劳动人民的苦难生活，并把它作为政治活动中的一股力量。

担任御史大夫时，他走马上任两三个月，就放了一把大火，烧得贪官污吏们焦头烂额。他查清了监察官内部贪赃枉法的许多问题，上奏皇上罢免他们。一时间，权奸们胆战心惊，人人自危。

李景让的一生受他母亲的影响是巨大的。一次，一名将领触犯了军法，李景让勃然大怒，一气之下竟打死了这员将领，结果造成军心动摇，人人惶惶不安。他母亲郑氏闻讯后，立即召集全体官吏，当面责骂他轻率用刑，下令家法伺候，严厉惩罚。全体官吏跪下求情，他的母亲方才罢休。

因为李景让家住乐和里，他也就被人们尊称为"乐和李公"。

聆听家训

> 不姑息①以为慈②，不溺爱③
> 以为德。必也教之以道，训之
> 以礼，详其寒暖。
> ——[明]章圣太后蒋氏《女训》

①姑息：无原则地宽恕别人。
②慈：慈悲。
③溺爱：过分宠爱。

译文

不能把无原则的宽容当作慈悲，不能把溺爱当作德行。一定要教给他们道理，训导他们礼仪，详察他们是寒是暖。

小叮咛

小读者们，严厉与宽容都是一种爱，但都得有个度。李景让被人称为"乐和李公"，其母亲郑氏的教之以道起了很大作用。是的，爱是一切力量的源泉，有了真爱，才可以让人走正道，才可以让干涸的心灵长出嫩绿的新叶，开出鲜艳的花朵，在阳光下吐露着生命的芬芳。

39. 兄弟相扶　齐心协力

百鸟之王

　　传说，我国古代有一种神鸟，叫作凤凰。它的羽毛非常漂亮，像五彩的霞衣。作为百鸟之王，它的身边总是有成千上万只鸟儿跟随着。听老人们说，看到它飞舞的人就会有好的运气。可是你知道吗？凤凰并不是生来就这么漂亮，鸟儿们一开始都不愿搭理它，甚至有些鸟儿还会嘲笑它。

　　凤凰虽然长得一般，但是非常勤劳。每天，当鸟儿们填饱肚子以后，就都去玩耍、歇息了，只有凤凰会继续待在草丛里，不停地

《百鸟朝凤图》局部（清·沈铨）

寻找食物，直到天黑。它这样勤奋，其他小鸟却嘲笑它，大家觉得食物在需要吃的时候去找就好，不需要囤这么多。

直到有一年，森林里遇到了大旱灾，树木枯萎，草地枯黄，小鸟们找不到食物，都饿得奄奄一息。这时候，凤凰就把自己积攒的食物分给小鸟们，帮助它们渡过了这个难关。鸟儿们都十分感激凤凰，愿意追随它。它的行为也感动了管理百鸟的神，神送给凤凰一身漂亮的羽毛。

从此以后，凤凰不仅变得漂亮了，而且还成了百鸟之王。

聆听家训

兄弟本①同一气，如左右手，互相扶持②。不独道理当如此，事体亦当如此。

——[明]周思兼《周莱峰家训》

①本：本来应该。
②扶持：帮助支持。

译文

兄弟间本应志趣、意见相同而自然地结合在一起，就像左手和右手，互相扶持。不单道理上说应当如此，在具体事情上也应当如此。

小叮咛

小读者们，凤凰之所以能成为百鸟之王，是因为它的勤奋和无私。作为手足情深的兄弟和肝胆相照的朋友，更应该团结友爱、互相扶持，只有这样，才能解决难题，战胜困难。

40.患难与共　生死相依

兄弟携手

苏轼兄弟的手足情，与他们的文学成就一样，永远是悠悠历史中璀（cuǐ）璨（càn）夺目的华章。

宋熙宁四年（1071）七月，苏轼携家人离开京城，去杭州任职。但他没有急着去杭州，在途经苏辙（zhé）任职的淮阳时，去弟弟家中住了两个多月，可见兄弟俩的感情有多深厚了。

兄弟俩的文学爱好和政见都相当一致，唯一不同的是性格。但这丝毫不影响兄弟之情，二人从开蒙读书到赴京赶考，都一直相伴相随，彼此了解。苏轼当时有两个儿子，可

赤壁夜游图（清·黄山寿）

弟弟有三个儿子和七个女儿，家庭负担很重，住的还是低矮的小房子。因苏辙长得比苏轼高大，所以苏轼常拿弟弟的身高开玩笑说："常时低头诵经史，忽然欠伸屋打头。"玩笑归玩笑，生活上苏轼却时常帮扶弟弟。总之，两兄弟在一起无话不说，十分要好。

自从踏上仕途，苏轼兄弟二人的命运就紧密联系在一起。他们的政治见解相同，也都敢于直谏。他们因才干和智谋被任用，也因此而罹（lí）难。当兄长被一贬再贬时，弟弟也因受牵连而日子不好过，但苏辙从来没有丝毫怨言。

"乌台诗案"之时，苏辙愿意以自己的官爵为长兄苏轼赎罪，结果被贬为筠（jūn）州监酒。后来苏轼第三次被贬，居于儋（dān）州，位于海南，而苏辙也受牵连被贬雷州。两个地方正好是一南一北隔海相望。

常言道"患难见真情"，兄弟间的手足情在患难时更显得弥足珍贵。

聆听家训

> 骨肉天亲①，同枝连气，凡利害休戚②，当死生相维持③。
>
> ——[明]庞尚鹏《庞氏家训》

① 天亲：指父母、兄弟、子女等血亲。

② 休戚：喜乐和忧虑。

③ 维持：保护，维护支持。

父母、兄弟、子女等是骨肉血亲，就好像同一棵树延伸出来的树枝一样，凡是遇到利益、损害、欢乐、忧愁，都应该生死相依、互相扶持。

小读者们，亲情是人生路上最持久的动力，给予我们无私的帮助和依靠。苏轼和苏辙兄弟二人同时遭贬，患难与共。我们应该向他们学习，有福同享，有难同当。每当陷入困境，兄弟、朋友、亲人之间应该相互帮助，相互扶持。

故事会

江革孝母

东汉时有个人叫江革，他是个出了名的大孝子，他的孝行感动了许多人，他的孝行故事也广为传颂。

江革从小就没了父亲，与母亲相依为命。有一年，天下很不太平，战火纷飞，盗贼横行。强盗经常闯入寻常人家中抓壮丁，逼着他们入伙。母亲年迈，腿脚不便，为了躲避战乱，江革背着母亲离家逃难，过着颠沛流离的生活。

一路下来，江革经常累得满头大汗。母亲心疼儿子，要下来自己走，江革却说："孩儿背着母亲，就像回到小时候一样，能感觉到母亲的温暖，孩儿心里觉得幸福，所以就会越走越有力气。"母亲渴了、饿了，江革到处去讨水讨饭，每当天色将晚，他就想方设法找住处，使母亲能踏实安歇。

在逃难中，江革无时无刻不留

江革孝母（清·任伯年）

意母亲，却全然不顾自己的疲劳和安危。有几次遇上了乱兵劫贼，他们要抓走江革，江革总是流着眼泪说："我有年迈的老母需要供养，请放我一条生路吧。"就这样，江革屡次感动盗贼，化险为夷。

后来盗贼被平定了，江革背着母亲，千里迢迢流落到下邳（pī）县，在那里安顿下来。他想尽一切办法出去做帮工，出卖力气，挣钱供养母亲。凡是母亲需要的东西，一样也不会少。

不久，母亲去世了。江革思念母亲，唯恐母亲在九泉下孤独，就在墓边用芦苇打了个棚，住到了母亲墓旁，终日守灵痛哭，甚至睡觉时也不脱孝服。

有人见到江革孝行深笃，深受感动，就推举他为孝廉，最后又推荐他做了谏议大夫。

聆听家训

孝于父母，友于兄弟，此百行之本①。尧舜②不能外此而为治，孔孟③不能外此而为教也。
　　——[明]王祖嫡《家庭庸言》

①本：根本。
②尧舜：尧和舜，传说是上古的贤明君主。后来泛指圣人。
③孔孟：儒家代表人物孔子和孟子的并称。

对父母孝顺，对兄弟友善，这是所有事情的根本。尧舜不能抛弃这个根本去治理国家，孔子和孟子也不能丢掉这个根本而教导世人。

■ 小叮咛 ■

小读者们，江革作为大孝子，他的孝行不仅感动了周围百姓，也感化了盗贼。"孝于父母，友于兄弟，此百行之本"，无论是贤明君主还是圣人，孝之根本是绝不能摒弃的。那么新时代的我们又将如何来行孝呢？

42.铭记亲恩　知恩图报

两个母亲

童年的周恩来，同许多孩子一样，也曾在充满母爱的环境中幸福成长。不同的是他有两个母亲，一个是生母，一个是叔母。

周恩来的生母万氏是一个性格爽朗、精明能干的女人。因丈夫常年奔波在外，家里的事情全部由她担当起来。在几个孩子中，母亲最喜欢周恩来，出门办事总是带着他。母亲处事公正、坚定、果断的作风也深深印在了他的心中。周恩来未满周岁时，因为叔父身患重病，膝下无子，母亲就把他过继给了叔父。这样一来可使叔父在弥留之际有所安慰，同时也使年轻的叔母有所寄托。

周恩来的叔母陈氏，性格十分文静。虽然出身贫寒，却也是书香门第，家庭的影响使她勤于书画，爱好诗文，是一个富有才学的女子。因年轻守寡，周恩来成为她唯一的依靠。她把全部感情和心血都倾注在对恩来的抚养和教育上，恩来称叔母陈氏为"娘"。

两个母亲都对他非常严格。周恩来很小的时候，她们就教他识字，送他进私塾读书。每天黎明时分，叔母陈氏就叫他起来，亲自在窗前教他读书。空暇时，就教他背唐诗，给他讲故事。

后来，两个母亲相继过世，使得周恩来承受了失去亲人的巨大打击，也改变了他的生活。那一年，他才十岁，家庭的变故把他过早地推上了艰难的人生旅程。

对叔母陈氏，周恩来怀有特别深厚的感情，他写过一篇《念娘文》。几十年后，他深情地说："直到今天，我还得感谢母亲的启发，没有她的爱护，我不会走上好学的道路。"抗战胜利后他又在重庆对记者坦露："三十八年了，我没有回过家，母亲墓前想来已白杨萧萧，而我却痛悔着亲恩未报。"

聆听家训

小人①专望②人恩，恩过不感③；
君子不轻受人恩，受则难忘。
——[明]陈继儒《安得长者言》

①小人：人格卑鄙的人，与"君子"相对。
②望：喜欢，希望。
③感：感激，报答。

译文

小人专门希望得到别人的帮助和恩赐，即使得到恩赐也不会感激报答；君子不轻易接受别人帮助和恩赐，如果接受的话，就会一辈子铭记于心。

小叮咛

小读者们，正因为周恩来小时候受到两位母亲的严格教育，才成就了一位新中国的总理。他念念不忘生母和叔母的养育之恩，也痛悔着亲恩未报。我们一定要将亲恩铭记于心，知恩图报。

43. 志孚义确　终始如一

三顾茅庐

官渡大战后，曹操打败了袁绍。刘备只得转投刘表。

曹操为得到刘备的谋士徐庶（shù），就谎称徐庶的母亲病了，让徐庶立刻去许都。徐庶临走时告诉刘备，卧龙岗有个奇才叫诸葛亮，如果能得到他的帮助，就可以得到天下。

第二天，刘备就和关羽、张飞带着礼物，去南阳拜访诸葛亮。谁知诸葛亮刚好出游了，书童也说不准他什么时候能回来。刘备只好无功而返。

过了几天，刘备和关羽、张飞冒着大雪又来到诸葛亮的家。刘备看见一个青年正在读书，急忙过去行礼。可那个青年是诸葛亮的弟弟，他告诉刘备，哥哥被

三顾草庐图　（明·戴进）

朋友邀走了。张飞本不愿意再来，见诸葛亮不在家，就催着要回去。刘备只得留下一封信，表达自己对诸葛亮的敬佩之情和请他出山帮助自己成就大业的渴望。

转眼过了新年，刘备准备再去请诸葛亮。关羽说诸葛亮也许徒有虚名，未必有真才实学，不用去了。张飞却说由他自己去请，如果他不来，就用绳子把他捆来。刘备责怪张飞鲁莽无礼，又和他俩第三次去隆中拜访诸葛亮。这次，诸葛亮正好在睡觉。刘备让关羽、张飞在门外等候，自己在台阶下静静地站着。过了很长时间，诸葛亮才醒来，刘备向他请教平定天下的办法。

诸葛亮给刘备分析了天下的形势，说："北让曹操占天时，南让孙权占地利，将军可占人和，拿下西川成大业，和曹、孙成三足鼎立之势。"

刘备一听，非常佩服，请求他相助。诸葛亮答应了。

那年诸葛亮才二十七岁。

聆听家训

> 其交结闲①友，呼为兄弟，必志孚②义③确，终始如一，方可定交④。
>
> ——[明]闵景贤《法楗》

①闲：清闲，空闲。

②孚：使人信服。

③义：情谊。

④定交：结为朋友。

清闲的时候结交朋友，称兄道弟的，必须信服对方的志向，确定双方的情义，始终不变，才能决定是否可以交往。

小叮咛

小读者，刘备如果没有长远的目标，能想到请诸葛亮出山吗？他如果遇到些困难就退缩，能成功地请到诸葛亮吗？如果没有诸葛亮，能有后来的三足鼎立吗？所以，小读者，要想做成一件事，在拥有长远眼光的同时，还要有毅力，还要懂得结交一些志同道合的朋友，只有这样才能成功。

44. 重孝重德　以信结交

义成堡

　　刘君良，是唐朝瀛（yíng）州饶阳县人。刘家几代人都遵循孝义，同住在一起。虽然已经到了第四代，但还是相亲相爱。无论对待一尺布，还是一斗米，每个人都没有私心。

　　有一年闹饥荒，刘君良的妻子出于私心，想劝刘君良分家，但她知道刘君良兄弟间感情很好，就这么直说的话，他一定不会同意。于是，妻子便偷偷把院落中树上鸟巢中的幼鸟，互换交叉放在别的鸟巢中，以此让鸟儿相互争斗。刘家人不知道事情的真相，都觉得很奇怪。刘君良的妻子借这件事劝说道："现在天下大乱，在这争斗之年，连禽鸟都不能够相容，更何况人呢？我们一家这么多人，不如分开大家各自生活吧。"刘君良听信了她的话，便和兄弟们分了家。

　　一个月之后，刘君良方才识破自己妻子的诡计，立即把兄弟亲人们召集起来，哭着向他们说明了事情的内情，并休掉了妻子。

　　从此以后，刘君良又同兄弟们住到了一起，关系还同之前一样和睦。当时遇到盗贼作乱，乡里有数百家人都依傍着刘家来修筑土城，人称"义成堡"。因为刘君良一家人重孝义、无私心的德行操守，连盗贼都十分钦佩，不敢去骚扰刘家。

有一次，深州的杨宏业到刘君良家中做客，发现刘家有六个院子，却只有一个吃饭的地方，有子弟几十人，人人都很有礼节。杨宏业看到后赞叹不已。

同门为朋，合志为友。惟以义处，而以信结。为深交者，斯①其成五伦②之不足也。不能忠告善道③，亦何交之有？

——[明]宋诩《宋氏家要部》

①斯：文言指示代词，这。
②五伦：指的是中国古代所谓君臣、父子、兄弟、夫妇、朋友五种人伦关系，以及忠、孝、悌、忍、善五种言行准则。
③忠告善道：衷心地告诫，善意地劝导。

译文

同师受业者可以做朋友，有共同的志向可以做朋友。只有付出情义，才可以诚信相交。作为有深交的朋友,若他有伦理不足的地方，都不能衷心告诫、善意劝导他，那么还有什么值得交往的呢？

小叮咛

小读者，从小我们就该明白：孝顺父母，敬爱兄弟，真诚地对待朋友，这样才能得到大家的尊重。所以，在生活中要多多为家人、为朋友着想。结交朋友时，也要多多结交重视孝与德的朋友。

45. 不为所惑 德行至极

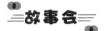

泰伯采药

殷朝末年，有个孝悌两全的人，姓姬，名字叫泰伯，他是周朝太王的长子。周太王生了三个儿子，长子泰伯，次子仲雍（yōng），三子季历。后来季历生了一个儿子，名叫姬昌，就是后来的周文王。

姬昌出生的时候，有一只赤色的鸟雀，嘴里衔了丹书，停在他们家的门上，这似乎是圣人出世的好兆头。姬昌自小聪明过人，才华出众，深得周太王的宠爱。周太王常说："我世当有兴者，其在昌乎！"

周太王有意把周朝国君的位子传给季历，再由季历传位给姬昌。但当时根据西岐礼法，应该"传长不传幼"，周太王只能作罢。然而泰伯察觉到父亲的心思，为成全父亲的心愿，避免国家出现王位之争的祸害，决定让位给三弟季历，并说服二弟仲雍，然后趁父亲病重，他们推说要到衡山采药，离开了周原。

之后周太王病逝，泰伯、仲雍赶回家奔丧，季历与众臣请求泰伯即位，泰伯不受王位，奔丧完就与二弟仲雍再次离开周原。

泰伯、仲雍兄弟俩来到蛮夷的地方，披散了头发，又在身上画了花纹，表示自己不理俗事，终身将不返回周原。泰伯的高风亮节感动荆蛮，归附他的有千余家。

季历后来继承了君位。季历死后，泰伯仍然推辞不受君位，君位传给了姬昌，即周文王。周文王生下武王，武王后来灭了殷商，统一了天下。

聆听家训

以孝弟为本，以忠义为主，以廉洁为先，以诚实为要。临事①让人一步，自有馀②地；临财放宽一分，自有馀味。

——[明]高攀龙《高氏家训》

①临事：遇事或处事。
②馀：同"余"。

译文

人应当以孝顺父母、友爱兄弟为本分，讲求忠心义气，为官清正廉洁，为人诚实是关键。遇到事情礼让一步，给自己留有余地；遇到财物问题不要斤斤计较，放宽一点，品性自然让人起敬。

小叮咛

小读者，当一个人面对巨大诱惑的时候，能够礼让，而不争名夺利，要做到这一点是多么难能可贵啊！难怪孔夫子赞扬泰伯，说他已经到了"至德"的境界。让我们从小做起，向泰伯学习，做一个有"德"的人。

不得乎亲，不可以为人，不顺乎亲，不可以为子。

46.顺亲养亲　光大孝道

曾子养志

　　曾子名参，字子舆，是春秋时期鲁国人。他与父亲曾点都是孔子的优秀学生。曾子非常孝顺，他总是顺承亲意，悉心照顾父母。

　　在日常生活中，每到吃饭的时候，曾子一定会细心观察父母的饮食口味与习惯，并将父母的喜好牢牢记在心里。因此，一日三餐，曾子总能准备好父母最爱吃而又很丰盛的菜肴。

　　父亲曾点深受圣贤教诲的熏陶，平常乐善好施，经常接济贫困的邻里乡亲。对于父亲的这个习惯，曾子也同样铭记在心。所以，每次父母用过饭后，他都会毕恭毕敬地向父亲请示：这次余下的饭菜该送给谁。

　　在曾子的心中，时刻考虑的都是父母的需要和喜好。父亲平时很喜欢吃羊枣，曾子就会在外出时尽量给父亲多带回一些。待父亲过世之后，曾子睹物思人，看到羊枣，他就想到父亲在世的情景，心中不免勾起无限的伤痛。所以从那以后，他就再也不忍吃羊枣了。

　　有一次，曾子上山去砍柴，只有母亲在家。不巧家里突然来了客人，母亲一时不知所措，唯恐因待客不周而失礼，情急之下，她就用力咬了自己的指头，希望曾子心中能有所感应,赶快回家。果然,

啮指痛心（清·任伯年）

母子连心，曾子正在山中砍柴，忽然感觉一阵心痛，他马上就想到了母亲，于是赶紧背着木柴赶回家中。

还有一次，曾子的妻子蒸梨给年迈的婆婆吃。当时梨还没蒸熟，她就端给婆婆吃。曾子看了非常生气，也很懊恼，就把妻子休出家门。从此，曾子没有再娶，通过自己的言传身教，把儿子曾元教育得很好，使他后来也成为贤达之人。

孔子知道曾子是一个孝子，所以将"孝道"的学问传授给他。在《孝经》当中，孔子与曾子以一问一答的形式，阐释孝道的内涵。他嘱托曾子一定要把孝道发扬光大。由此可见，曾子的为人和孝心、孝行非同一般。

不得乎亲，不可以为①人，不顺②
乎亲，不可以为子。

　　　　——[战国]孟子《孟子·离娄上》

①为：成为。
②顺：顺从。

译文

　　儿女与父母亲的关系相处得不好，不可以成为人；儿女不能事事顺从父母亲的心意，便不能成为儿女。

小叮咛

　　小读者们，曾子顺亲养亲的孝行，成为后世赞美和效仿的典范。在日常生活中，我们也应该顺亲养亲，从身边的小事做起，譬如可以为父母分担一些力所能及的家务；可以在父母劳累了一天之后，为他们泡上一杯热茶；还可以为父母讲一些有趣的故事，让他们开怀大笑……希望你们事事顺从父母心意，做个好孩子。

47. 孝顺父母　内安其心

笼负母归

孝子图（清·王钦古）

鲍出，字文芳，是后汉时新丰（今陕西西安）人，十分孝顺长辈。

一天，鲍出有事出门了。有一伙强盗冲进他的家门，四处寻找家里值钱的东西，还把鲍出的母亲劫走了。在外的鲍出听到这个消息后，又着急又担心，生怕母亲有什么危险。

于是，鲍出抄起一把刀，沿着强盗们逃跑的路线，不顾一切地追过去。追了很长一段路，终于追上了一小伙强盗，他们便打了起来。他一连杀了十几个贼人。又追了一段路，终于追上了劫掠他母亲的强盗，远远看见母亲和邻居老姬（yù）被绑在一起。他大吼一声，奋力冲上前去。强盗们见鲍出来势汹汹，锐不可当，又听说他已

经杀死了十几个同伙，哪里还有心思作战，吓得四散逃命。鲍出顾不上追赶强盗，直接跑到母亲的面前叩头请罪，跪着给母亲和邻居老人解开绑绳，立即将她们送回了家。

后来，他的家乡经常打仗，鲍出就带着母亲一起到南阳避难。又过了很长时间，贼乱平定，鲍出的母亲思念家乡，很想回去。可是，路途遥远又坎坷，连轿子都无法前行，怎么办呢？鲍出考虑再三，就编了一个竹笼，请母亲坐在笼中，将她背回了家乡。

后来有人写诗称赞鲍出：

> 救母险如履薄冰，
>
> 越山肩负步兢兢；
>
> 重重危难益坚忍，
>
> 孝更绝伦足可矜。

聆听家训

夫有人民而后有夫妇，有夫妇而后有父子，有父子而后有兄弟，一家之亲，此三而已矣。自兹以往①，至于九族②，皆本于三亲焉，故于人伦③为重者也，不可不笃④。

——[南北朝]颜之推《颜氏家训》

①自兹以往：从此往后，以此类推。

②九族：指自身以上的父、祖、曾祖、高祖和以下的子、孙、曾孙、玄孙。另一种算法是父族四、母族三、妻族二，合为"九族"。

③人伦：特指尊卑长幼之间的等级关系。

④笃：诚实，这里是认真对待的意思。

有了人而后有夫妻，有了夫妻而后有父子，有了父子而后有兄弟，一个家庭里的亲人，就有这三种关系。以此类推，直推到九族，都是原本出于这三种亲属关系。所以这三种关系在人伦中极为重要，不能不认真对待。

■●小叮咛●■

小读者们，亲情是斩不断的思念，更是前世的缘。鲍出能不顾一切地抄刀夺人，筐负母归，真是值得敬佩。有句话说得好，"天下最不能等待的事情莫过于孝敬父母"，是的，趁父母还在身边的时候，我们就要好好孝顺他们，珍惜这样的幸福时光，不要做让他们伤心的事情。

48. 咨禀家长　毋得专行

百里负米

　　仲由，鲁国人，字子路，是孔子的得意门生之一。仲由年少时，有一年大旱，当地粮价飞涨，只好靠吃野菜过日子。

　　仲由觉得自己吃野菜不要紧，就是担忧年迈的父母亲。这时候，仲由听说百里之外沂河粮价比较便宜，于是就辞别父母，带上家里仅有的钱，拿着粮袋子直奔沂河去了。

　　仲由家没有车马，他只能徒步而行，为了省钱，自然就没有住店，累了就在人家的房檐下歇一歇，就这样走了三四天才走到沂河粮店。仲由买好白米就急匆匆地往回赶。刚走了几里路，他就听到肚子咕噜噜地叫。他往腰里一摸，发现出门带的野菜团子都吃完了，

仲由负米（清·任伯年）

这可怎么办呢？看看回家的路，还有九十多里。他真想抓一把白米嚼一嚼吞下肚去，可是想到家里鹤发苍苍的父母还在挨饿，米又这么少，他就打消了这个念头，只好在附近找点野菜来充饥，挨着饿坚持着一步步走回家。

家中两位老人，早也盼晚也盼，终于盼到儿子仲由回来了。他们倒不是想吃白米，而是担忧自己的儿子在这兵荒马乱的时候有什么闪失。

仲由进了家门，把白米袋子往桌上一放，说："爹，娘，孩儿把白米买回来了，你们快点煮着吃吧。"

仲由爹并没有接过白米，而是看着瘦了一圈的儿子，心疼地说："没想到这一路这么远，给你拿的野菜团子一定不够吧，有没有吃点白米？"

仲由笑呵呵地说："我吃了一点，真好吃啊。"

这时候仲由娘一眼看见儿子的腰里鼓鼓囊囊的，连忙把它翻出来，竟然是一大团豆叶，上面还有牙齿啃过的印痕。她立即就明白了："孩子啊，你一路上就是靠吃这个撑过来的啊？"

仲由眼看着已经瞒不住了，这才承认说："人家收完了豆子，豆叶就扔在地里不要了，我觉得怪可惜的，就捡起来吃了。"

这话一出口，仲由的父母亲一把抱住了儿子，心疼地说："真是个孝顺孩子啊。"

凡诸卑幼①，事无大小，毋②得专行，必咨禀③于家长。

——[北宋]司马光《居家杂仪》

①卑幼：指晚辈年龄幼小者。

②毋：不要。

③咨禀（zī bǐng）：请教，禀告。

译文

凡是晚辈，不管事情大小，都不要独断独行，必须请教、禀告家中的长辈。

小叮咛

小读者们，仲由小小年纪忍着饥饿、徒步百里为父母亲背回了白米，他的举动有没有感动你呢？其实孝顺父母的方式有很多，一碗简单的泡面，一句关心的话语，一次虚心的请教，甚至有事与父母多商量、多沟通也是孝顺的表现。

故事会

杨香救父

扼虎救父（清·任伯年）

杨香是晋朝杨丰的女儿，她很小的时候，母亲去世，父亲含辛茹苦把她拉扯长大。她知道父亲抚养自己不容易，既当爹又当娘，吃了很多苦头。因此，她对父亲非常孝顺，可以说是关心备至，体贴入微。

杨香十四岁这年，曾随同父亲去田里割稻，忽然蹿出一只大老虎，扑向杨丰，一口将他叼住。杨香急坏了，一心只想着父亲安危的她，完全忘了自己与老虎的力量悬殊。好个杨香，只见她猛地跳上前去，用力卡住老虎的头颈，任凭老虎怎么挣扎，她一双小手始终像一把钳子，紧紧卡住老虎的咽喉不放。老虎终因喉咙被卡，无法呼吸，瘫倒在地，他们父女俩才得以幸免于难。

一个小女孩，徒手搏虎，并从虎口中救出了自己的父亲，其孝心和勇气真令人赞叹。

五常①之道，父子至亲。
父子者，人伦②之至也。
——[明]朱棣《圣学心法》

①五常：即仁、义、礼、智、信。
②人伦：指封建社会中礼教所规定的君臣、父子、夫妇、兄弟、朋友及各种尊卑长幼关系。

译文

在人应该拥有的五种最基本的品格和德行中，父子是最亲近的。父与子，应该是人和人之间的关系体现得最完美的。

小叮咛

小读者们，杨香，一个年仅十四岁的小女孩，手无寸铁，竟不惧危险，虎口救父，真是令人敬佩。她的那种大无畏、无私奉献、不惜牺牲自我的精神，值得我们学习；她对父亲的爱和孝，更值得我们学习。

故事会

岳飞教子

岳飞是中国古代著名的军事将领，南宋抗金名将，民族英雄。

岳飞有五个儿子，他教育孩子时，就像母亲对自己那样，非常严格。作为一名百万大军的管理者，岳飞生活十分俭朴。他从不穿丝绸衣服，常吃的也是麦面和蔬菜，很少吃肉。岳飞还经常要求孩子们放学后去农场干活。他教育孩子说："对你们来说，种植庄稼不是简单的工作，但它是生活的基本，你们一定要学会。"

岳云是岳飞的长子，十二岁参军，已经是一名小中士。岳飞对岳云的武术训练要求非常严格。有一次，岳云穿着厚重的盔甲，在陡峭的山坡上练习骑马。一时疏忽，他没注意地形，冲下山去了，结果连人带马摔进了战壕，他的衣服摔破了，脸上也满是血。

岳飞看到了，愤怒地命令中士打他一百军

教子成名（清·钱慧安）

棍。有人替岳云求情，但岳飞不肯宽待。他说："如果这种情况发生在两军作战时，他不仅会失去生命，而且会输掉这场战斗。"经过岳飞的严格教育，岳云迅速成长为一位勇猛无敌的将军。

因此，一些士兵说，岳飞对待他的儿子是"受罚重于士，受奖后于士"。

聆听家训

是故为人父，止于慈，所以爱其子，必导之以礼乐①，勖②之以敬义，养之以德行。

——[明]朱棣《圣学心法》

①礼乐："礼"指人的行为道德、礼仪规矩等，负责规范人的行为；"乐"是指音乐，负责调和人的性情，人的喜怒哀乐。

②勖（xù）：勉励。

译文

所以为人父母，应当将仁慈之心放在关爱子女、教养子女上，因此爱自己的孩子，一定要用礼仪规范孩子的行为，用音乐调和孩子的性情，勉励子女恭敬的道义，培养他们的德行。

小叮咛

小读者，古人的教育理念，其实在现代也是适用的。对于孩子来说，父母就是他的第一任老师。所以，我们要向父母学习，向古人学习，培养自己的德行，成为德才兼备、身心健康的有用之人。

故事会

子欲养而亲不待

孔子在前往齐国的路上，突然听到有人在哭，声音显得很悲哀。孔子对驾车的人说："这哭声，虽然听起来很悲哀，却不像家中有人去世的痛哭声。"于是，赶着马车循声向前，不久后，便看到一个不寻常的人，身上挂着镰刀，系着白带，在那里失声痛哭。于是，孔子下车，上前问道："先生，请问您是什么人呢？"那人回答："我叫丘吾子。"

孔子又问："您现在并不是服丧的时候，为何会哭得这样悲伤呢？"丘吾子哽咽地说："我这辈子有三个过失，可惜到了晚年才想明白，但后悔也来不及了。"

孔子再问："您的三个过失，可以说给我听一听吗？"丘吾子悲痛地说："我年轻时喜欢学习，可等我到处寻师访友，周游各国回来后，我的父母已经去世了，这是我第一大过失；在壮年时，我侍奉齐国君王，然而君

杏坛图（宋·孔传）

王却骄傲奢（shē）侈（chǐ），丧失民心，我未能尽到为人臣子的职责，这是我第二大过失；我生平很重视友谊，可现在朋友间都不再来往了，这是我第三大过失。"

丘吾子又仰天悲叹道："树木想要静下来，可是风却刮个不停；儿子想要奉养父母，父母却不在了。过去了永远不会再回来的是年华啊；再也不能见到的是父母啊！就让我从此辞别这个人世吧！"

后来，孔子听说丘吾子投水自尽了。于是，孔子很感叹地对弟子们说："你们应该记着这事，这足以作为我们的借鉴啊！"

聆听家训

父母年高①喜在堂，为人不孝罪难当②。五刑③之属三千，罪莫大于不孝。

——［明］吕坤《宗约歌》

①年高：年岁大。

②难当：难以担当或充当。

③五刑：五种轻重不等的刑法。

译文

父母年事已高，令人高兴的是还健在，作为子女，如果不孝顺，那就罪责难当。五刑之类的律令有三千条，其中最大的罪是不孝。

小叮咛

小读者们，丘吾子的"三个过失"值得我们警醒啊！每一个赤诚忠厚的孩子，都曾在心底向父母许下"孝"的宏愿，相信自己一定会报答父母的恩情。可是光阴似箭，人生短暂，我们要珍惜时光，报答亲恩。

52. 八柱成宇　孝感天下

劝婆孝祖

孝亲图（明·徐渭）

明朝时，浙江绍兴的山阴有一户姓杨的人家。这户人家为儿子娶了一个童养媳，她的名字叫刘兰姐。刘兰姐虽然才十二岁，却很明白为人处世的道理。她对家人十分恭敬，做事情也非常勤快，大家都很喜欢她。

她的婆婆王氏，动不动就冒犯长辈，经常骂祖母"老不死"，将她视为"包袱"，对她说话十分粗俗野蛮。刘兰姐看到了，就想劝婆母不要这么对待祖母。

一天晚上，刘兰姐来到王氏的房间跪下，一直跪到深夜还不肯起来。王氏感到疑惑，但又想不出什么原因，便问她："媳妇，你为什么跪在我房里一直不起来？"刘兰姐答道："儿媳担忧婆母现在不尊敬太婆母，以后媳妇把您当作榜样，等您老了的时候，也把您看作'包袱'，到那时您该多么伤心啊！而且太婆母长命百岁是我们家的大福气，恳求您三思而行呀。"

王氏听了媳妇的话后羞愧不已，想到自己以后也会有老的一天，如果媳妇这么对自己，该有多难过啊。于是边流泪边叹气说："你的话很有道理，让我受益不浅啊！我以前真不该冒犯长辈，我们一家和和气气才是最要紧的。"

于是王氏痛改前非，对待祖母温柔恭顺，而刘兰姐对待王氏也一直如此。这个家从此和和睦睦，其乐融融。

聆听家训

"孝、悌、忠、信、礼、义、廉、耻"此八字，是八个柱子。有八柱，始能成宇①。有八字，始克②成人。

——[明]姚舜牧《药言》

①成宇：建成房屋，比喻撑起人生的天地。
②克：能。

译文

"孝、悌、忠、信、礼、义、廉、耻"这八个字就是八根支柱。有了它们，才能撑起人生的天地。有了它们，才能成为一个真正的人。

小叮咛

小读者，父母是孩子的榜样，只有父母做到了尊老爱幼，孩子才能正确地对待他人。人在孩提时就懂得友爱，懂得孝顺父母，才能利用"孝、悌、忠、信、礼、义、廉、耻"这八个支柱，撑起人生的天地。小读者，你们说呢?

故事会

陆绩怀橘

三国时期，有个人叫陆绩，字公纪，家住在淮南。那时淮南是袁术的地盘，他一心想做皇帝，但又不知自己管辖（xiá）的地方有多少人才可以辅佐他。于是，袁术大摆宴席，邀请城里城外的才子能人来参加宴会。

陆绩也是淮南人，那时候他只有六岁，因为勤勉好学，聪颖过人，人们都叫他"神童"，便也受到了邀请。等陆绩到了宴会，酒席早已摆好，等候宾客入席。

怀橘遗亲（清·任伯年）

陆绩见席上放着一盘盘的橘子，看起来很鲜美。他立即想起了生病卧床的母亲，也想让母亲尝尝这新鲜滋润的橘子。可是由于家里太穷，根本买不起橘子。但他也明白，这橘子是给客人吃的，每人只有一份，怎么才能让母亲吃到呢？于是他在吃之前，便先拿了两个橘子放在衣袖之中，自己吃了剩下的几个。

等到酒宴散席，众人纷纷打躬作揖，分手告别。陆绩却忘记了袖子中还藏着橘子，在拱手时，两个橘子就滚落下来，被大家看到了。大家纷纷取笑，陆绩羞愧难当，只好说出实情。和他熟悉的人，都知道他家贫困，母亲确实卧病在床，于是都为他解围。袁术听了，感叹道："小陆郎有这样的品德，将来必成为报效国家的栋梁啊！"

据历史记载，陆绩长大后对国家的贡献相当大。自此也成就了一句佳话："年未满十，陆郎怀橘。"

聆听家训

不孝不弟，不可以为子；不忠①不信②，不可以为人。

——[明]陆杲（gǎo）《陆氏家训》

①不忠：不忠诚。

②不信：不诚实。

译文

不孝敬父母，不敬爱兄长，便不能为人子；对人不忠诚、不诚实，便不可以成其为人。

小叮咛

小读者们，我们应该向陆绩学习，以他为榜样，好东西要懂得和大家一起分享。中国有句古话叫作"百善孝为先"，一个人只有尊重自己身边的长者，才能成为受人尊敬的人。

故事会

打虎亲兄弟

　　从前，山里有两兄弟，各有一身好拳脚。村里经常有老虎出没，村民惶惶不安，于是兄弟俩商议上山打虎，为民除害。

　　这天，两人拿着钢叉和铁棍上山埋伏。时近黄昏，一阵冷风吹过，一只老虎从密林中闯了出来。老二年轻气盛，拿起钢叉，冲着老虎迎了上去，"嗷"的一声，老虎跃起前腿，猛地扑下来。老二不失时机，把钢叉对准老虎的脖子叉上去。老虎被叉在半空，前腿乱踢。

　　这时，老大急忙用铁棍打折老虎的前腿，老虎便不能再威风了，兄弟俩趁机双双举起铁棍和钢叉往老虎身上猛打乱刺。不一会儿，老虎就断了气。

　　从此以后，兄弟俩就以打虎为生，日子过得很顺心。一次，老二向妻子讲起了打虎时和哥哥如何默契配合，妻子听后不以为然，觉得丈夫出力多，和大哥平分老虎实在不合理。弟

虎图（清·闵贞）

弟在妻子的怂（sǒng）恿（yǒng）下，也认为自己吃了亏。夫妻俩便打起了小算盘。

隔了几天，老二夫妻俩没叫大哥，悄悄拿了家伙上了山。老虎来了，老二拿起钢叉熟练地与老虎周旋几下，就把老虎叉了起来。可他妻子见到老虎胆战心惊，站都站不稳。老二看到妻子没法帮他，心里也发慌了，就大声喊救命。

正当危急之际，他的大哥拿着铁棍赶来了。原来，老大找不到老二夫妇，看钢叉铁棍也不在，预感大事不妙，忙抄小路赶上山。看到老二面临危险，就赶紧挥动铁棍，打折了老虎前腿。老虎最终被降服，老二也无力地躺在地上喘大气。

经过这次的教训，老二的妻子再也不敢搬弄是非了。从此，"打虎亲兄弟"这句话就流传开了。

聆听家训

兄弟手足之义，人人所闻，其实未尝①深体力求，故泛泛然②若萍③之偶合④也，纷纷然⑤若鸟兽之各散也。

——[清] 张履祥《训子语》

①尝：曾经。

②泛泛然：指心不在焉，心神不定的样子。

③萍：浮萍，浮生在水面上的一种草本植物。

④偶合：偶然相遇。

⑤纷纷然：指凌乱的样子。

兄弟是手足的道理，人人都知道，但他们实际上都不曾有过深刻的体悟。所以像心神不定的浮萍一样偶然相遇，又像一群凌乱的飞鸟走兽一样各自逃散。

小叮咛

小读者，"打虎还得亲兄弟，上阵须教父子兵"是一句谚语。从这个故事中，我们不难看出兄弟间的手足之情是任何东西都无法替代的。所以，小读者们更应该珍惜兄弟姐妹之间的情义，要和身边的亲人好好相处，互帮互助。

55.兄弟睦　祸不侵

苏轼和苏辙

北宋年间，苏轼、苏辙跟随父亲从老家眉州来到开封参加科举。哥俩一鸣惊人，得到了当时文坛大家欧阳修的赏识。但苏辙知道月亮只有一个，他把机会给了哥哥，而把更多的精力用来照顾多病的父亲，为哥哥免除了后顾之忧。

苏轼为人正直，敢说敢做，为官清正廉洁，但因为"乌台诗案"，他被关进了开封的监狱。

一直在家照顾老父的苏辙听到这个消息，第一时间站了出来。他上书皇帝，想效仿西汉的孝女缇（tí）萦，去替哥哥坐牢，但是皇帝没有同意。于是，一向淡泊名利的他不停地奔走在亲朋好友间，希望他们能帮助哥哥洗脱罪名，可是也没有结果。

实在没有办法，苏辙烹制了鲜美的鱼到狱中送饭。因为不能亲自送到哥哥手中，苏轼不知道这顿饭是苏辙送的，见到鱼大吃一惊，接着便万念俱灰。因为他和妻子约定，如果这次的事情没什么大的动静，就一直送些简单的蔬菜和米饭；如果事态恶化，就送鱼肉告知。苏轼以为自己不会有出头之日了，便写了一首诗《狱中示子由》："是处青山可埋骨，他年夜雨独伤神。与君世世为兄弟，更结人间未了因。"绝望之际，苏轼能想到的也只有苏辙了。还好这只是虚惊一场。

公元 1101 年，苏轼去世。十年之后，苏辙也去世。临终前，苏辙交代后人，要求把自己葬在哥哥身边。这对亲兄弟终于不再分开，可以天天以酒论诗，共话家常了。

聆听家训

人见其兄弟不睦，外侮①毕至，祸败②侵寻③。此岂④其子孙之罪哉？

——[清] 金敞《家训纪要》

①侮：侮辱。

②祸败：灾祸与失败。

③侵寻：渐进，渐次发展。

④此岂：这难道。

译文

人们见兄弟之间不和睦，起了纠纷，外面的侮辱一定就会到来，灾祸与失败也一定会逐渐发展而来。这难道不是子孙的过错吗？

小叮咛

小读者，亲兄弟，如手足。看着苏轼和苏辙两兄弟如此手足情深，不为利益所动，不为权贵所惧，我们真的被感动了。如果我们没有兄弟姐妹，那我们也会有很多朋友，对待朋友也要像对待兄弟那样，你会得到很好的"手足"。

大树和男孩

在一个院子里，生长着一棵枝繁叶茂的大树，生机勃勃，给整个院子带来了许多乐趣。有个小男孩，每天都要去树下玩耍，大树开心极了。对于大树来说，这个小男孩就是它的伴儿。

慢慢地，男孩长大了，不再是原来那个只知道玩耍的孩子了。可是大树却还是希望能跟他一起玩。男孩跟大树说："我现在已经长大了，不想再跟你玩了。我只想要一个好玩的玩具，你能给我吗？"大树点点头说："我只有果实，没有玩具。要么你摘下我的果实拿去换钱，然后买你喜欢的玩具吧。"孩子很高兴地把果实摘了下来，换钱买了玩具。

又过了几年，大树更加茂盛了，男孩也长成了青年，有了自己的家庭，并且搬出了这个院子。

这天，青年人回来看望父亲，又来到了大树下。大树还是对他说："让我们一起玩吧。"青年人回答它说："现在，我有了自己的家庭，已经不想玩了。我需要房子，你能帮助我吗？"大树又一次点了点头，说："我只有这树干，没有房子。要么你可以把我的树干砍了，做你建房子的材料吧。"于是，青年人毫不犹豫地照它说的做了。一座崭新的房子建起来了，而大树却只剩下了一个树桩。

又过了几十年，大树的树桩依旧发芽，青年人却变成了一个年迈的老人。这天，老人拄着拐杖，又来到了大树前，望着大树桩什么话也没说。大树桩对他说："我现在什么也没有了，我帮不了你了。"老人听了，一边喘气一边说："我现在只想休息一下，什么都不要了。你还能帮我吗？"大树再一次点了点头，让老人坐在了树桩上……

聆听家训

孩提①之童，无不知爱其亲。及②其长也，无不知敬其兄。可知孝亲悌长，是天性③中事，不是有知有不知，有能有不能者也。

——[清]朱用纯《朱柏庐先生劝言》

①孩提：幼儿时期。

②及：达到，等到。

③天性：指人先天具有的品质或性情。

译文

两三岁的孩子，没有不知道爱他们的父母的。等他们长大了，没有不知道尊敬他们的兄长的。由此可知，孝敬父母，敬爱兄长，是人本性中应该做的事，不是有没有知识、有没有能力的事。

小叮咛

小读者们，为了帮助这个男孩，大树付出了它的一切。如果把这棵大树比作养育我们的父母，那么那个男孩就是我们。无论我们多大，在父母的眼中永远是孩子。父母为了我们，付出了太多的心血，他们无私奉献，无怨无悔！所以，我们更应该懂得回报他们的爱。

故事会

兄弟争死

汉朝时，有个人姓姜名肱（gōng）。他有两个弟弟，一个叫姜仲海，另一个叫姜季江。兄弟三人兄友弟恭，亲密无间。

他们天天在一起读书，下课后一起温习功课、玩耍，还一起帮家里做家务事。三兄弟还缝了一床大棉被，每天都睡在一起。

有一次，姜肱跟他的弟弟一同去京城，不幸半夜路遇强盗。月光下，强盗面目狰狞，手里的匕首泛出幽幽寒光，看了直叫人打战。强盗嚣张地晃着寒光闪闪的匕首，一步步逼近抱在一起的兄弟俩。

突然，哥哥推开弟弟，抢上前一步说："我弟弟还小，我是做哥哥的，我可以牺牲，但求你们放我弟弟一条生路。"这时，后面的弟弟也走上前来说道："不！你不可以伤害我哥哥。哥哥学问、品德很好，是家里的珍宝，是国家的栋梁，我年纪小，能力差，不及长兄，还是杀我吧！"兄弟俩都争着让对方活，想到即将生离死别，两人不禁抱在一起，痛哭流涕。

盗贼也不是铁石心肠，也是因饥寒所迫才起盗心。他被兄弟俩的手足之情深深感动了，说道："我今天终于见到什么叫亲情了。"于是抢了一些财物便匆匆离开。

进了京城，有人见到姜肱衣冠不整，穿得很破烂，就问他："出了什么事，怎么会如此落魄？"但是姜肱却找其他说辞来掩饰，绝口不提被抢的事，因为他深盼盗贼能悔改。

后来事情辗转传到盗贼那里，他非常感激，悔恨交加。于是就主动跑去求见姜肱，亲自把抢来的所有财物还给了姜肱，并表明痛改之意。

姜肱有这样的爱人之心，实在是难能可贵。

聆听家训

孝弟为仁之本①，则弟亦百行②先也。人苟③不弟，不可以言孝。
——[清]傅超《傅氏家训》

①本：根本。
②行：德行。
③苟：如果，假使。

译文

孝顺父母、敬爱兄长，这就是仁的根本啊！所以"悌"也是百行之先。一个人如果不敬爱兄长，那么就不可以谈孝顺。

小叮咛

小读者，姜肱兄弟间可以这样友爱，甚至在生死面前也要护着对方，这样的兄弟情怎能不叫人感动？在同根同祖的兄弟间，只有亲密无间的亲情，没有解不开的矛盾，所以兄弟要相敬相爱。我们不仅要孝敬父母，还要把敬爱兄弟当作自己最为重要的事。

58. 手足一体　本是同根

故事会

七步诗

曹植是曹操的第三个儿子，他从小就才华出众，受到父亲的宠爱。曹植很聪明，学习用功，诗歌文章写得也好。当时，大家都很钦佩曹植，称赞他是个大文学家，曹操自然就更加宠爱他。因此，曹植的哥哥曹丕就很嫉妒曹植。

曹操死后，曹丕继承了皇位。有一天，曹植来拜见哥哥。曹丕一见他就没好气地说："我和你虽然是亲兄弟，但是从礼义上来说，是君臣。以后可不许你仗着自己的才学，不讲君臣的礼节啊！"曹植低着头，小心地回答："是！"

曹丕又说："父亲在世的时候，你常常拿诗歌文章，在别人面前夸耀。我问你，那些诗歌文章是不是你请别人代写的？"曹植回答说："我从来没有请人代写过，所有的文章都是我自己写的。"

曹丕板着面孔说："好！现在我叫你写一首诗。你在殿上走七步，七步走完了，就必须把诗写出来。如果走了七步，诗还没有想好，你就是欺骗君王，我要重重治你的罪！"

曹植知道哥哥存心想要害死他，又伤心又愤怒。他强忍着心中的悲痛，努力地想着想着，一步、两步、三步……果然，他就在七

步之内作了一首诗,当场念了出来:

煮豆持作羹^{gēng},漉菽^{lù shū}以为汁。

萁在釜^{fǔ}下燃,豆在釜中泣。

本是同根生,相煎何太急?

曹植七步之内作出了诗,曹丕没有了害他的理由。曹植因此保住了性命。

聆听家训

手足由一体而分,须若①鸣琴鼓瑟②;枝叶本同根而出,何为煮豆燃萁③?

——[清]钟于序《宗规》

①若:像。
②瑟(sè):古代拨弦乐器的一种,形似古琴。
③萁:豆萁为豆的植物茎。

译文

兄弟同是父母所生,一体而分,应该像演奏琴瑟一样,同声和韵,和谐相处;豆萁和豆子本是从同一条根上生长出来的,为何要燃烧豆萁来煮豆子,自相残杀呢?

小叮咛

兄弟姐妹血脉相通,古人都以"手足"形容其密不可分的关系。"本是同根生,相煎何太急"的千古绝唱,早已深入人心。我们一定要明白"同根生"的含义,互相友爱。

59. 兄弟情义　大过天

茉莉花

　　从前，在苏州某山下住着三兄弟，他们靠种花采茶过日子。有一年夏初，种在南山上的摩尼花开花了，花形如同颗颗珠宝，洁白圆润，芬芳四溢，花香被风儿吹到北山的茶树林。

　　种在北山上的茶树也可以采摘了，老大第一个发现今年的茶叶有一股甜香味儿，甜得沁人心脾，香得使人陶醉，就瞒着老二、老三，偷偷地把茶叶抢先摘下来，拿到市场上去卖了。果然人人喜欢，价钱自然要比往年高出许多。

　　这事儿被老二、老三知道了。老二说：北山的茶树是他种，南山的摩尼花是他栽，卖茶叶的钱应该全归他。老三说：种茶他出了力，栽花他吃了苦，卖的钱应该全归他。老大却说：摩尼是大家栽，茶叶是大家采，但是发现茶叶有香味的却是他老大一个人，所以卖得的钱理应只归他。三兄弟吵得不可开交，还动手打了起来。俗话说"相骂无好言，相打无好拳"，这一打就打了个头破血流，三败俱伤，你揪着我，我揪着你，闹到了戴逵那儿。

　　戴逵是一位德高望重的深山隐居人，百姓有事都愿找他帮个忙、评个理。戴逵听了来龙去脉后笑笑说："摩尼花香茶叶贵，本是好事。但是摩尼、摩尼，不要变成谋利，要认作末利。"他接着又说："人不能过分求利，更不能因利忘义。为谋利而伤了兄弟的手足情，太不值得。若是你们兄弟三人一条心，门前的黄土也会变成金。我看以后就把'摩尼'改成'末利'吧。只要你们三人都牢记这两个字：末利，就再也不会吵闹打架了。"

兄弟三人听了戴逵的劝导，再也没有吵过架。因此，人们就把"摩尼花"改叫作"末利花"。后人兴许觉得"末利"既是花草，就都加了个草字头，叫作"茉莉花"。

聆听家训

大凡人家兄弟不和①，其兄必曰②弟之不我恭③也，其弟必曰兄之不我友④也。

——[清]纪昭《养知录》

①和：和睦。
②曰：说。
③恭：恭敬，谦逊有礼。
④友：友好。

译文

大部分家中兄弟之间不和睦的，兄长必定会说是弟弟对我不恭敬，弟弟也必定会说是哥哥对我不友好。

小叮咛

小读者们，不要为了一己私利影响了兄弟情义，影响了朋友间的感情。我们要和自己的兄弟姐妹团结友爱，只有这样，家庭才会和睦兴盛，生活才会温馨和谐。

60. 兄友弟恭　相敬相爱

兄弟背米

古时候有一个农民，他生了两个儿子。大儿子结婚后，仍同年迈的父母住在一起，照顾老人。

不久小儿子也结婚了，住在村子的另一头。小儿子日子不好过，好不容易盖了一间房子，却没耕地的农具。等有了犁，却没钱买牛。后来买了牛，又交不出地租。好在他很勤劳，到地里干活比别人都早，收工比人家都迟。

老大的日子也不好过。他不仅要耕田犁地，还要照顾年迈的父母。虽然两兄弟过着半饱半饥的生活，要操心的事也很多，但他们却很和睦，从不吵架。

有一年秋天，老大收获了十袋米，但他一想弟弟收得少，觉得应该帮助他。

天黑了，老大背了一袋最好的米，向弟弟家走去。路上，他遇到一个人，没看清是谁。哥哥把米背到弟弟家里放下，急忙回家，准备再回去背一袋。可是回家一看，奇怪，家里怎么还是十袋米。可他来不及多想，又背上一袋米，向弟弟家走去。

送完米回家的路上，老大又遇到了一个人，因为天黑，还是看不清是谁。等回到家里一看，竟还有十袋米，觉得很奇怪。

"要是这样的话，我给他再背两袋去！"老大自言自语地说。

于是，他顺着熟悉的小道，背着米向弟弟家走去。路上迎面又走来一个人，这人也背着东西。走近时，老大认出来了，原来是自己的弟弟！

两兄弟马上明白了：原来哥哥想帮助弟弟，而弟弟也想帮助哥哥。米袋虽然很重，但他们背来背去却一点都不觉得累。原来，兄弟的友爱使任何重担都变轻了。

聆听家训

夫弟之不恭①焉，知非②凡③之所致；兄之不友④焉，知非弟之所激。

——[清]纪昭《养知录》

①恭：恭敬。
②非：不，不是。
③凡：平常的。
④友：友善。

译文

弟弟对哥哥不恭敬，应该并不是平常所导致的，兄长对弟弟不友善，应该也并不是弟弟所激发的。

小叮咛

小读者，当所有人关心你飞得高不高时，只有少数人在关心你飞得累不累。无论多少年，无论在哪里，抹不掉的是兄弟间彼此的牵挂与惦记！这就是兄弟！我们应该好好珍惜。

附录：

家训档案

序号	朝代	作者介绍	作品介绍
1	春秋	孔子（前551—前479），名丘，字仲尼，鲁国陬邑（今山东曲阜东南）人。春秋末期思想家、政治家、教育家，儒家学派创始人。	《孝经》是儒家经典之一，共十八章。论述封建孝道，宣传宗法思想，汉代列为七经之一。
2	战国	孟子（约前372—前289），名轲，字子舆，邹（今山东邹城东南）人。战国时期思想家、政治家、教育家，儒家学派的代表人物，与孔子并称"孔孟"。	《孟子》是儒家经典中的重要一部，为"四书"之一，记录了战国时期思想家孟子的思想观点和政治活动，由孟子和他的弟子记录并整理而成。《梁惠王上》和《离娄上》都是《孟子》中的著名篇章。
3	汉代	桓宽（生卒年不详），字次公，西汉汝南（今河南上蔡西南）人。官至庐江太守丞，著有《盐铁论》六十篇。	《盐铁论》是根据汉昭帝时的盐铁会议记录整理撰写的重要史书，为对话体政论性散文集。
4	南北朝	颜之推（531—约590以后），字介，琅邪临沂（今属山东）人。北齐文学家。	《颜氏家训》以儒家经典为据，强调父慈子孝、兄友弟恭、夫义妇顺等封建伦理道德规范，以及维系此规范的家教、家法。
5	唐代	杜正伦（？—约659），相州洹水（今河北魏县）人，唐朝宰相。	《百行章》系道德教育读物，推崇恭、勤、俭、贞、信、义、廉、清、专、贵、学、志等品行。

序号	朝代	作者介绍	作品介绍
6	唐代	佚名	《辩才家教》发现于敦煌莫高窟藏经洞中，应为唐代寺庙的自编蒙学教材，主要教导孩童立身处世的基本道理。
7	五代十国	钱镠（852—932），字具美，杭州临安（今属浙江）人。五代时吴越国的建立者。	《钱氏家训》是钱家先祖后唐时期吴越国王钱镠留给子孙的精神遗产，分为个人、家庭、社会、国家四大部分，对钱氏子孙立身处世、持家治国的思想行为，做了全面的规范和教诲。
8	北宋	鲁宗道（966—1029），字贯之，亳州（今安徽亳州）人。北宋著名谏臣。	《家训》规定子孙首要"仁廉自守，忠贞体国"，其次"勤俭经营，安分守业"，再次"善精一技不致失所"，并将"孝悌忠信，人道之纲；礼义廉耻，立身之本"作为鲁家世代相传的家风。
9	北宋	司马光（1019—1086），字君实，号迂叟，陕州夏县（今属山西）涑水乡人。北宋大臣、史学家。	《温公家范》系统阐述了封建家庭的伦理关系、治家原则，以及修身齐家之法和为人处世之道。《居家杂仪》则为"正伦理，笃恩义，辨上下，严内外，居家之要道也"。
10	南宋	王十朋（1112—1171），字龟龄，号梅溪，温州乐清（今属浙江）人。任秘书郎、侍御史等职。	《家政集》着眼在家庭人伦关系的和睦上，提出家庭伦理关系应体现自觉、修身、规范的要求。

序号	朝代	作者介绍	作品介绍
11	元代	王结（1275—1336），字仪伯，易州定兴（今属河北）人。学士，任顺德路总管、中书左丞。	《善俗要义》是在顺德路总管任上所作，目的为了教化当地百姓"勤农桑，正人伦，厚风俗，远刑罚"。
12	明代	朱棣（1360—1424），即明成祖，太祖第四子，年号永乐，1402—1424年在位。	《圣学心法》内容涵盖"君、父、子、臣"四道，重点阐明成祖时期的治国理念，旨在为后世君主提供治国法则、历史经验与理论指导。
13	明代	仁孝皇后徐氏（1362—1407），明成祖朱棣嫡后，濠州人。	《内训》结合历代有关女子教育的著术及有关言论，涉及德性、修身、谨言、慎行等诸多方面。
14	明代	曹端（1376-1434），字正夫，号月川，渑池（今属河南）人。明代学者，曾为霍州、蒲州学正。	《家规辑略》选取浙江"义门"郑氏《家规》中重要且值得借鉴的内容，分类列述，以此告诫子孙，立身行事要端正善良，保持仁义，尊敬长辈，不能违反人之常伦。
15	明代	陆深（1477—1544），字子渊，号俨山，松江府上海县人。任詹事府詹事兼翰林院学士。	《陆俨山家书》是对儿子陆楫在读书、作文、科考、治家等方面的教导。
16	明代	章圣太后蒋氏（生年不详—1538），大兴（今属北京）人。	《女训》强调的是"三纲五常"等规矩，和敬之德贯穿全篇。

序号	朝代	作者介绍	作品介绍
17	明代	霍韬（1487—1540），字渭先，号兀厓，南海（今属广东）人。任太子少保、礼部尚书。	《蒙规》涉及家族制度建设的方方面面，以达到管理家族的目的。
18	明代	张永明（1499—1566），字钟诚，号临溪，谥庄僖，乌程（今浙江吴兴）人。任刑部尚书、左都御史等职。	《张庄僖家训》分为孝悌、交友、学业等十四节，三十五条。
19	明代	周思兼（1518—1564），字叔夜，号莱峰，南直隶华亭（今上海市松江区）人。任工部员外郎、按察佥事等职。	《周莱峰家训》意在教导子孙后代为人处世、持家立业的道理。
20	明代	庞尚鹏（1524—1581），字少南，南海（今属广东）人。任监察御史、福建巡抚等职。	《庞氏家训》包含敦孝悌、睦宗族、力本业、慎交友、和兄弟、训子弟、尚勤俭等十条内容，旨在教导族人尽归良善。
21	明代	王祖嫡（1531—1590），字胤昌，号师竹，河南信阳人。出身于军户家庭，明代中后期著名学者、文学家。	《家庭庸言》是作者晚年留给子孙后代的嘱托和教诲，追求切近日常，可行性强，故名"家庭庸言"。
22	明代	吕坤（1536—1618），字叔简，宁陵（今属河南）人。明学者，万历进士，曾任户部郎中等。	编有《续小儿语》《演小儿语》《四礼翼》《闺范》《闺戒》《宗约歌》等著作，常以韵语、诗歌等形式，劝诫孩童、女子遵守行为规范和伦理纲常。
23	明代	姚舜牧（1543—1622），字虞佐，归安（今属浙江湖州）人。举人，曾任县令。	《药言》以自己的积累、体验和体会，从治家、教子、处世、择业等方面训示后人。

序号	朝代	作者介绍	作品介绍
24	明代	陆杲（生卒年不详），字元晋，号脣峰，嘉兴平湖人。陆氏为平湖望族，建有陆氏景贤祠。	《陆氏家训》教育子孙要"孝悌忠信"，做官的要正直忠厚，公廉仁恕；种田的要孝养父母，勤俭守分。不可游手好闲，赌博嫖娼，欺骗良善，结交匪类。
25	明代	徐三重（1543—1621），字伯同，号鸿州，华亭（今属上海）人。任刑部主事。	《鸿州先生家则》对家族各方事物做出详细安排和训诫，是一部家族行为规范。
26	明代	陈继儒（1558—1639），字仲醇，号眉公，华亭（今属上海）人。明文学家、书画家。	《安得长者言》是一部格言体著作，不仅从为人处世的各方面对后代子女进行训诫，而且对晚明的讲学之风做了批评，提倡经世致用的实学之风。
27	明代	高攀龙（1562—1626），字存之，号景逸，无锡（今属江苏）人。明学者，万历进士，官至左都御史。	《高氏家训》强调做人的重要性，教育子女要做个好人。
28	明代	闵景贤（生卒年不详），字士行，乌程（今属浙江湖州）人。布衣诗人。	《法椠》是在吸取前人教育经验的基础上，结合作者的观念主张，撰写的一部较为典型的子弟戒鉴著作。
29	明代	宋诩（生卒年不详），字久夫，华亭（今属上海）人。明代学者。	《宋氏家要部》《宋氏家仪部》《宋氏家规部》通过家庭日常生活点滴，告诫后人正家、治家、理家之要，明晰乡里、宗族等相关礼仪，树立道德规范与处世戒条。

序号	朝代	作者介绍	作品介绍
30	清代	张文嘉（1611—1678），字仲嘉，仁和（今浙江杭州）人。	《重订齐家宝要》除家庭礼仪外，还发表了治家、读书、教子等很多见解。
31	清代	张履祥（1611—1674），字考夫，号念芝，明清之际浙江桐乡人。	《训子语》训示儿子以"积善"与"耕读"为家风的根本，重视对子弟的教育。另著《愿学记》。
32	清代	于成龙（1617—1684），字北溟，号于山，山西永宁（今吕梁）人。累官知府、直隶巡抚、两江总督。	《于清端公治家规范》以亲身阅历和生活际遇，明示后人治家之道。
33	清代	金敞（1618—1693），字廓明，号暗斋，武进（今江苏常州）人。	《家训纪要》告诫子孙自力更生、慎重交友、读书要与实践相结合。《宗约》《宗范》以规定公约来训诫族人的日常言行。
34	清代	毛先舒（1620—1688），字稚黄，号蕊云，钱塘（今浙江杭州）人。明末清初文学家。	《家人子语》以忠孝和教育为主要内容，运用谚语及典籍，阐释伦理道德观念，批判当时社会上一些不合理现象，指出正确处理方式。
35	清代	朱用纯（1617—1688），字致一，号柏庐，江苏昆山人。	《朱柏庐先生劝言》用简洁的文字阐述修身齐家和为人处世的基本原则，劝诫世人遵守孝悌之道。
36	清代	傅超（1639—1702），字稽仙，号越尘，山阴（今浙江绍兴）人。任知县、知事。	《傅氏家训》强调做子女一定要立志成人，勤俭节约。

序号	朝代	作者介绍	作品介绍
37	清代	颜光敏（1640—1686），字逊甫，号乐圃，山东曲阜人。任礼部主事、吏部郎中。	《颜氏家诫》涉及进德修业、交友处世、治家安邦等内容和处世原则。
38	清代	钟于序（生卒年不详），字东泽，江苏溧阳人。举人。	《宗规》阐述为人的标准和处世的原则。
39	清代	纪昭（1717—1770），字懋园，号悟轩，献县（今属河北）人。进士。	《养知录》是家庭训课之作，目的在于培养人的良知良能。
40	清代	郝培元（约1730—1800），字万资，号梅庵、梅叟，栖霞（今属山东）人。贡生。	《梅叟闲评》是以随笔形式记录的治家格言，包括教子、读书、睦族等方面的心得体会。
41	清代	沈起潜（1768—?），字芝塘，仁和（今浙江杭州）人。	《沈氏家训》内容包含立身处世的方方面面，体现了宗族社会对个人品行的基本要求。

图书在版编目（CIP）数据

中华家训代代传.孝悌篇/吴荣山，祝贵耀总主编；
俞亚娟，蒋玲娣本册主编.-- 杭州：浙江古籍出版社，
2023.1

ISBN 978-7-5540-2406-5

Ⅰ.①中… Ⅱ.①吴… ②祝… ③俞… ④蒋… Ⅲ.
①家庭道德—中国—青少年读物 Ⅳ.① B823.1-49

中国版本图书馆 CIP 数据核字（2022）第 201625 号

中华家训代代传·孝悌篇

吴荣山　祝贵耀　总　主　编

俞亚娟　蒋玲娣　本册主编

出版发行	浙江古籍出版社
	（杭州体育场路 347 号　电话：0571-85068292）
网　　址	https://zjgj.zjcbcm.com
责任编辑	张　莹
责任校对	吴颖胤
封面设计	李　路
责任印务	楼浩凯
照　　排	杭州立飞图文制作有限公司
印　　刷	北京众意鑫成科技有限公司
开　　本	710mm×1000mm　1/16
印　　张	10
字　　数	112 千字
版　　次	2023 年 1 月第 1 版
印　　次	2023 年 1 月第 1 次印刷
书　　号	ISBN 978-7-5540-2406-5
定　　价	59.80 元

如发现印装质量问题，影响阅读，请与本社市场营销部联系调换。